中级注册安全工程师职业资格考试辅导用书

安全生产技术基础模考通关试卷

王晓梅　主编

中国劳动社会保障出版社

图书在版编目（CIP）数据

安全生产技术基础模考通关试卷：2023版/注册安全工程师职业资格考试辅导用书编委会编. --北京：中国劳动社会保障出版社，2023

中级注册安全工程师职业资格考试辅导用书

ISBN 978-7-5167-5888-5

Ⅰ.①安… Ⅱ.①注… Ⅲ.①安全生产-资格考试-习题集 Ⅳ.①X93-44

中国国家版本馆 CIP 数据核字（2023）第 064738 号

中国劳动社会保障出版社出版发行

（北京市惠新东街 1 号 邮政编码：100029）

*

北京市科星印刷有限责任公司印刷装订 新华书店经销

787 毫米×1092 毫米 16 开本 9 印张 188 千字
2023 年 5 月第 1 版 2023 年 5 月第 1 次印刷
定价：30.00 元

营销中心电话：400-606-6496 （010）64962347
中国人事考试图书网网址：https://rsks.class.com.cn

版权专有 侵权必究

如有印装差错，请与本社联系调换：（010）81211666
我社将与版权执法机关配合，大力打击盗印、销售和使用盗版图书活动，敬请广大读者协助举报，经查实将给予举报者奖励。
举报电话：（010）64954652

前　言

注册安全工程师职业资格考试制度自2019年改革以来，受到了社会各界的广泛关注，报名人数屡创新高，考试竞争力不断增强。为满足应试人员刷题需求，更好地开展复习备考，我们特邀长期从事注册安全工程师考试培训和教学研究的专家，结合2022年考试情况进行分析研判，组织编写了"中级注册安全工程师职业资格考试辅导用书"之模考通关试卷系列和经典真题试卷系列。

2023版模考通关试卷系列，以中级注册安全工程师职业资格考试报名人员为对象，围绕安全生产法律法规、安全生产管理、安全生产技术基础、安全生产专业实务（其他安全）分别编写，每书由6套自编模拟题及其参考答案和解析组成。

本套模考通关试卷具有以下几个典型特点：

一是科学性。每道试题均设置在考试大纲范围内，试题数量参考真实考试设置，难度尽量贴近考试实际，力求满足应试人员刷题备考需求。

二是合理性。试题分布合理，在重要考点重点考查基础上，兼顾了整体的知识点分布情况，能够帮助应试人员自查自测、巩固强化，增强知识点的活学活用能力。

三是实用性。每道试题均有参考答案及详细的解析，并注明依据，便于应试人员分析错误原因。同时，试卷采用套卷形式印制，真实模拟考试环境，有助于应试人员合理分配答题时间、做到心中有数。

四是及时性。试题解析均引自最新的法律法规、标准规范、考试教材，应试人员可放心学习、使用。

为更好地服务应试人员，我们组织长期从事注册安全工程师考试培训和教学研究的专家，配套图书开发了部分微课程，作为免费增值服务向各位应试人员提供，欢迎各位读者关注"工峰网校"微信公众号试听。我们也会将相关图书的勘误，及时在上述微信公众号和QQ群"689938504"中公布。

由于编者水平所限，加之时间仓促，书中难免存在不足，恳请读者批评指正。

目　录

安全生产技术基础模考通关试卷一 ………………………………………………………… 1
安全生产技术基础模考通关试卷二 ………………………………………………………… 16
安全生产技术基础模考通关试卷三 ………………………………………………………… 30
安全生产技术基础模考通关试卷四 ………………………………………………………… 44
安全生产技术基础模考通关试卷五 ………………………………………………………… 58
安全生产技术基础模考通关试卷六 ………………………………………………………… 73

安全生产技术基础模考通关试卷一参考答案及解析 ……………………………………… 87
安全生产技术基础模考通关试卷二参考答案及解析 ……………………………………… 96
安全生产技术基础模考通关试卷三参考答案及解析 ……………………………………… 104
安全生产技术基础模考通关试卷四参考答案及解析 ……………………………………… 112
安全生产技术基础模考通关试卷五参考答案及解析 ……………………………………… 121
安全生产技术基础模考通关试卷六参考答案及解析 ……………………………………… 130

安全生产技术基础
模考通关试卷一

一、单项选择题（共70题，每题1分。每题的备选项中，只有1个最符合题意）

1. 生产操作中，机械设备的运动部分是最危险的，以下有关危险部位的防护，错误的是（　　）。
   A. 无凸起的光滑转动轴不存在缠绕危险，不需要防护
   B. 有凸起的转动轴能挂住衣物，存在危险，需要防护
   C. 辊轴交替驱动的输送机，所有辊轴都被驱动，不存在危险，不需要防护
   D. 安装在通风管道内的轴流风扇，不存在危险，不需要防护

2. 实现机械设备安全遵循两个基本途径：一是选用适当的设计结构，尽可能避免危险或减小风险；二是通过减少对操作者涉入危险区的需要，限制人们面临危险。以下措施属于第二个途径的是（　　）。
   A. 对可能造成"陷入"的机器开口进行覆盖
   B. 加大运动部件的最小间距
   C. 可接近的机械部件避免采用锐边、尖角结构
   D. 采用机械化或自动化操作

3. 金属切削加工机床产生危险：一是故障、能量供应中断、机械零件破损及其他功能紊乱造成的危险；二是安全措施错误、安全装置缺陷、定位不当等造成的危险。以下危险属于第二种情况的是（　　）。
   A. 工件或机床零件意外甩出造成危险
   B. 机床运动部位不能停止造成危险
   C. 互锁装置性能不可靠或失灵造成危险
   D. 数控系统记忆失灵和保护不当造成危险

4. 使用信息由文本、文字、标记、信号、符号或图表等组成，以单独或联合使用的形式向使用者传递信息，用以指导使用者安全、合理、正确地使用机器，警示剩余风险和可能需要应对机械危险事件。以下有关使用信息的应用符合要求的是（　　）。
   A. 文字信息应优先于图形符号

B. 砂轮机罩的内壁涂红色来表示危险
C. 安全标志设在门上醒目的地方
D. 紧急撤离信号优先于其他所有险情信号

5. 某企业的作业场所存在噪声危害，该企业拟采取措施防治噪声。下列防治噪声的措施中，错误的是（　　）。
A. 对于生产过程和设备产生的噪声，首先从声源上进行控制
B. 产生噪声的车间与非噪声作业车间分开布置
C. 高噪声车间与低噪声车间分开布置
D. 将企业内高噪声设备分开布置，以方便设置隔声室

6. 压力容器爆炸分为物理爆炸和化学爆炸，化学爆炸的危害程度往往比物理爆炸严重。以下有关压力容器爆炸危害的说法，错误的是（　　）。
A. 压力容器爆炸有二次爆炸及燃烧危害
B. 压力容器爆炸主要是爆炸所带来的能量释放危害，不会有介质伤害
C. 压力容器爆炸碎片具有较大动能，能损坏附近的设备和管道，引起连续爆炸和火灾
D. 压力容器爆炸的冲击波能造成人员伤亡和建筑物的破坏

7. 工业生产中毒性危险化学品进入人体最重要的途径是呼吸道，呼吸道的个人防护对人身安全十分重要。过滤式防毒面具适用于毒性气体体积分数小于（　　）的环境。
A. 0.2%　　　　B. 0.5%　　　　C. 1%　　　　D. 1.5%

8. 防护装置是用于提供防护的物理屏障，将人与危险隔离，为机器的组成部分。防护装置应能使人体各部位无法接触危险。依据《机械安全　防止上下肢触及危险区的安全距离》规定，某一防护装置的开口为圆形，其安全距离为 25 mm，开口大小为 10 mm，则该防护装置能防的肢体部位是（　　）。
A. 指尖　　　　B. 手　　　　C. 脚趾　　　　D. 指至指关节

9. 工作人员扛着钢梯经过高压线下，钢梯碰到高压线，发生强烈放电，导致人员死亡。按照触电事故的类型，该起触电事故是（　　）接触电击。
A. 低压直接　　B. 低压间接　　C. 高压直接　　D. 高压间接

10. 根据《电流对人和家畜的效应　第1部分：通用部分》划分电流对人体作用的带域，对 AC-3 区的说法中正确的是（　　）。
A. 通过人体的电流较小，通过人体几乎无生理效应
B. 通过人体的电流较小，有感觉，但没有有害的生理效应
C. 没有机体损伤，不发生心室纤维性颤动
D. 可引起肌肉收缩和呼吸困难，还有心室纤维性颤动

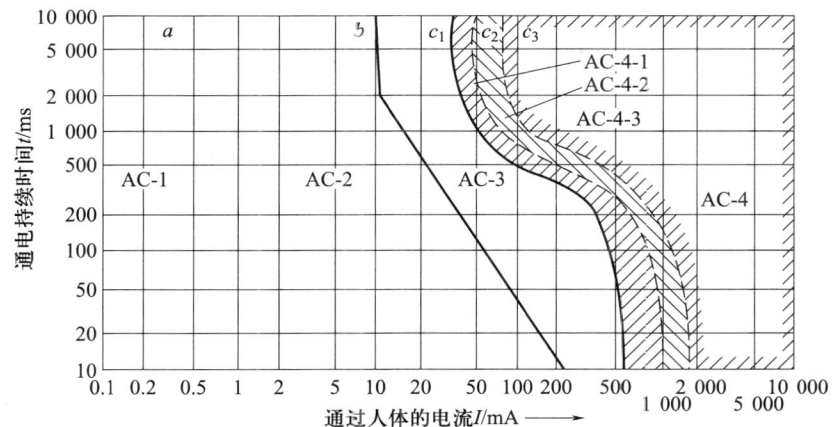

11. 机械制造生产场所应合理布局，减小生产场所的机械设备和物料对生产带来的危险性。以下有关机械制造生产场所平面布置的说法，正确的是（　　）。

A. 多层厂房应将噪声较大及有振动的设备布置在厂房的顶层
B. 高振设备宜分散布置，以避免共振
C. 危害相同的生产工序应集中布置
D. 使用易燃易爆物料的工序宜布置在厂房的上风向

12. 为满足导电能力、热稳定性、力学稳定性、耐化学腐蚀的要求，保护导体必须有足够的截面面积。如果采用电缆芯线作 PEN 线，则其截面面积不得小于（　　）mm²。

A. 2.5　　　　　B. 4　　　　　C. 10　　　　　D. 16

13. 压力容器上通常会将安全阀与爆破片装置组合使用以提高安全保护性能。当安全阀与爆破片装置并联组合使用时，下列关于安全阀开启压力的说法中，正确的是（　　）。

A. 安全阀与爆破片并联组合使用时，安全阀开启压力等于压力容器的设计压力
B. 安全阀与爆破片并联组合使用时，爆破片的标定爆破压力小于安全阀的开启压力
C. 安全阀的出口侧串联安装爆破片时，容器内的介质应不含有胶着物质或阻塞物质
D. 安全阀进口与容器间串联安装爆破片时，爆破片破裂后的泄放面积应小于安全阀的进口面积

14. 火灾是在时间和空间上失去控制的燃烧所造成的灾害。依据《火灾统计管理规定》对火灾进行统计调查、统计分析，以下情况不能列入火灾统计的是（　　）。

A. 少量易燃易爆化学物品燃烧爆炸引起的火灾
B. 机电设备因内部故障导致其他物件燃烧
C. 船舶的本身燃烧
D. 飞机因飞行事故造成本身燃烧

15. 叉车液压系统的高压油管一旦发生破裂将会危害人身安全，因此高压油管必须符

合相关标准,并通过相关试验检测。下列不属于叉车液压系统中高压胶管需进行的试验项目的是(   )。

A. 长度变化试验　　B. 爆破试验　　　　C. 弯曲试验　　　　D. 泄漏试验

16. 毒性危险化学品通过一定途径进入人体,在体内积蓄到一定剂量后,就会表现出慢性中毒症状。以下有关毒性危险化学品的说法正确的是(   )。

A. 在 3~6 个月内较大剂量毒性危险化学品进入人体内引起中毒是慢性中毒
B. 工业生产中,毒性化学品进入人体最重要的途径是呼吸道
C. 皮肤中水含量比较高,具有水溶性的毒性化学品更易被皮肤吸收
D. 一氧化碳会影响机体和氧的结合能力,造成毒性化学品的血液窒息

17. 化学品安全技术说明书提供了化学品在安全、健康和环境保护等方面的信息。化学品安全技术说明书包括(   )项信息内容。

A. 9　　　　　　　　B. 10　　　　　　　　C. 14　　　　　　　　D. 16

18. 粉尘爆炸是一个瞬间的连锁反应,属于不稳定的气固二相流反应,其爆炸过程比较复杂,受诸多因素制约。以下有关粉尘爆炸特点和过程的说法,正确的是(   )。

A. 粉尘爆炸的爆炸压力比混合气体爆炸压力大
B. 堆积的可燃粉尘的爆炸威力更强
C. 热能加在粉尘颗粒表面发生热分解产生可燃气体
D. 因为热的持续作用,粉尘爆炸多数是完全燃烧

19. 压力表用于准确地测量锅炉上所需测量部位的压力大小。以下关于压力表的说法中,错误的是(   )。

A. 压力表必须装设在锅筒内液相部位
B. 选用量程是工作压力 2 倍的压力表
C. 表盘直径不应小于 100 mm
D. 压力表应每半年校验一次

20. 爆炸危险物质指在大气条件下能与空气形成爆炸性混合物的气体、蒸气、薄雾、粉尘和纤维。爆炸性气体、蒸气、薄雾按(   )分为 6 组。

A. 引燃温度　　　　　　　　　　　　B. 爆炸极限
C. 最小点燃电流比　　　　　　　　　D. 最大试验安全间隙

21. 压力机是危险性较大的机械。压力机应安装危险区的安全保护装置,以保护暴露于危险区的每个人员。以下安全保护装置中属于机械式安全保护装置的是(   )。

A. 双手操作式安全保护装置　　　　　B. 固定式封闭防护装置
C. 拉手式安全装置　　　　　　　　　D. 光电保护装置

22. 人机系统按系统的自动化程度可分为人工操作系统、半自动化系统和自动化系统

三种。以下不属于人工操作系统、半自动化系统的安全性影响因素的是（　　）。
  A. 机器的本质安全性　　　　　　　B. 人机功能分配的合理性
  C. 机器的冗余系统是否失灵　　　　D. 人为失误状况

23. 工艺过程中产生的静电可能引起爆炸和火灾，也可能给人以电击，还可能妨碍生产。以下有关静电的说法，错误的是（　　）。
  A. 电阻率高的材料易产生和积累静电
  B. 平皮带比V带与带轮之间产生的静电能量大
  C. 起电材料电阻率高，静电泄漏快
  D. 静电的产生可能会降低产品的质量

24. 防雷装置有接闪器、引下线、接地装置等。在建筑物防雷中也常采用等电位连接技术。以下有关防雷技术的说法，正确的有（　　）。
  A. 独立避雷针的构筑物上可架设通信线、广播线或低压线
  B. 附设避雷针的接地装置可与其他接地装置共用
  C. 第一类防雷建筑物防二次放电的最小距离不得小于2 m
  D. 第三类防雷建筑物无须采取防直击雷的防护措施

25. 《气瓶颜色标志》中规定，各种介质气瓶的颜色标记是指涂覆在气瓶外表面的瓶色、字样、字色以及色环，是识别气瓶内所充装气体的标志。氧气瓶的颜色是（　　）。
  A. 黑色　　　　B. 蓝色　　　　C. 绿色　　　　D. 白色

26. 锅炉一旦发生故障，将造成停电、停产、设备损坏等，其损失非常严重。锅炉运行中必须紧急停炉的情况是（　　）。
  A. 锅炉发生缺水事故
  B. 锅炉发生满水事故
  C. 锅炉发生省煤器损坏事故
  D. 锅炉的承压元件损坏，危及操作人员安全

27. 保护接零是为了防止电击事故而采取的安全措施，在变压器的中性点接地系统中，当某相带电体碰连设备外壳时，可能造成电击事故。下列关于保护接零的说法，正确的是（　　）。
  A. 保护接零能将漏电设备上的故障电压降低到安全范围以内，但不能迅速切断电源
  B. 保护接零既能将漏电设备上的故障电压降低到安全范围以内，又能迅速切断电源
  C. 保护接零一般不能将漏电设备上的故障电压降低到安全范围内，但可以迅速切断电源
  D. 保护接零既不能将漏电设备上的故障电压降低到安全范围内，又不能迅速切断电源

28. 根据《火灾分类》，下列属于A类火灾的是（　　）火灾。

A. 沥青　　　　　B. 石蜡　　　　　C. 电缆　　　　　D. 棉毛

29. 泡沫灭火剂有两大类型：化学泡沫灭火剂和空气泡沫灭火剂。以下有关泡沫灭火剂的说法，错误的是（　　）。

A. 发泡倍数 201～1 000 的泡沫灭火剂是高倍数泡沫灭火剂

B. 高倍数泡沫灭火剂适用于扑救大空间火灾

C. 泡沫灭火器适用于扑救 B 类水溶性火灾

D. 空气泡沫灭火器比化学泡沫灭火器的灭火能力高

30. IT 系统即保护接地系统。以下有关保护接地系统的说法，错误的是（　　）。

A. 保护接地能把故障电压限制在安全范围内

B. IT 系统字母 I 表示电气设备外壳直接接地，字母 T 表示配电网不接地

C. IT 系统适用于各种不接地配电网

D. 380 V 不接地低压配电网，为限制设备漏电时外壳对地电压不超过安全范围，保护接地电阻应小于等于 4 Ω

31. 安装漏电保护装置也是防止触电的措施。以下有关漏电保护器的说法，错误的是（　　）。

A. 漏电保护装置采用零序电流互感器作为取得触电或漏电信号的检测元件

B. 漏电保护装置可用来既防止间接接触电击，又防止直接接触电击

C. 作为直接接触电击的防护措施时，应只是基本防护措施的补充保护措施

D. 漏电保护装置不可用来监测一相接地故障

32. 砂轮机虽结构简单，但使用频率高，一旦发生事故，后果严重，是危险性较大的生产设备。某单位对以使用砂轮安装轴水平面上方进行磨削加工的砂轮机例行检查，检查记录是：①砂轮安装轴水平面上方的砂轮防护罩的总开口角度为 85°。②砂轮卡盘外侧面与砂轮防护罩开口边缘之间的距离为 14 mm。③托架与砂轮圆周表面间隙为 2 mm。其中检查记录不符合要求的是（　　）。

A. ①　　　　　B. ②　　　　　C. ③　　　　　D. ①②③

33. 本质安全技术是指通过改变机器设计或工作特性，来消除危险或减少与危险相关的风险的保护措施。以下措施中不属于本质安全技术的是（　　）。

A. 采用全气动或全液动控制操纵机构

B. 装设保持在所需位置不动的防护装置，不用工具不能打开

C. 用无毒和低毒的材料替代有毒的材料

D. 用液压成形代替锤击成形工艺

34. 下列有关铸造车间建筑要求的说法中，错误的是（　　）。

A. 落砂、清理区不得设置任何天窗

B. 铸造车间应建在厂区中不释放有害物质的生产建筑物的下风侧

C. 厂房宜南北向，铸造车间四周应有一定的绿化带
D. 铸造车间除设计有局部通风装置外，还应利用天窗排风设置屋顶通风器

35. 锅炉一旦缺水，受压部件得不到正常冷却，金属温度急剧上升甚至被烧红，严重缺水也会爆炸，需及时准确地对缺水情况进行处理，防止事故的发生。以下有关缺水事故处理的说法，错误的是（　　）。
    A. 未判定锅炉缺水程度，不能给锅炉上水
    B. "叫水"需先打开水位表的放水旋塞冲洗汽连管及水连管，关闭水位表的汽连管旋塞，关闭放水旋塞
    C. "叫水"操作不适合相对容水量很小的其他锅炉
    D. 通过"叫水"操作，发现水位表无水位，则需立即上水

36. 电气设备运行时总是要发热的，在其稳定运行时，最高温度和最高温升都不会超过允许范围，而电气设备的正常运行遭到破坏时，发热量增加，温度升高，直至产生危险温度。以下有关危险温度的说法，错误的是（　　）。
    A. 照明器具在正常工作时，即可产生危险温度
    B. 恒定功率的负载电压过低，会使电磁铁吸合不牢，电流增大，产生危险温度
    C. 漏电电流沿线路均匀分布时，可产生危险温度
    D. 不可拆卸接头连接不牢会增加接触电阻导致产生危险温度

37. 绝缘材料受到电气、高温、潮湿、机械、化学、生物等因素的作用时，均可能遭到破坏。以下有关固体绝缘材料破坏的说法，错误的是（　　）。
    A. 固体绝缘击穿后将失去其原有性能
    B. 固体绝缘的电击穿是作用时间短，击穿电压低
    C. 固体绝缘的热击穿是作用时间较长，击穿电压较低
    D. 固体绝缘的电化学击穿是作用时间很长，击穿电压很低

38. 雷电有电性质、热性质、机械性质等多方面的破坏作用。以下有关防雷装置的说法，正确的是（　　）。
    A. 阀型避雷器的接地电阻一般不应大于 10 Ω
    B. 电涌避雷器无冲击波时主要表现为低阻抗
    C. 架空线路供电者应在入户处装设阀型避雷器
    D. 阀型避雷器无冲击波时处于打开状态

39. 《质检总局关于修订〈特种设备目录〉的公告》规定，压力管道是指公称直径大于等于 50 mm，并利用一定的压力输送气体或者液体的管状设备。以下有关压力管道的说法，正确的是（　　）。
    A. 直径为 150 mm，输送最高工作压力大于 0.1 MPa（表压）的气体管道是压力管道

B. 公称直径小于 150 mm，最高工作压力小于 1.6 MPa（表压）的输送无毒、不可燃、无腐蚀性气体的管道是压力管道

C. 公称直径为 50 mm，且输送最高工作温度低于标准沸点的液体的管道是压力管道

D. 输送有腐蚀性且最高工作温度低于标准沸点的液体的管道是压力管道

40. 某企业上新的生产线，需聚合釜作反应器。聚合釜的设计压力为 2.0 MPa，最高工作压力为 1.5 MPa，则此聚合釜属于压力容器的（　　）。
   A. 低压容器　　　　B. 中压容器　　　　C. 高压容器　　　　D. 超高压容器

41. 客运索道的运行管理和日常检查、维修是其安全运行的重要保障。下列客运索道安全运行的要求中，错误的是（　　）。
   A. 客运索道每天开始运送乘客之前都应进行一次试运转
   B. 单线循环固定抱索器客运架空索道一般情况下不允许夜间运行
   C. 单线循环式索道上运载工具间隔相等的固定抱索器，应按规定的时间间隔移位
   D. 如遇到事故停车，只有在排除了故障且经值班站长同意后，方可重新运送乘客

42. 下图是氢和氧混合物（2∶1）爆炸区间图。有关此图的说法中错误的是（　　）。
   A. 500 ℃时，压力低于 200 Pa 因游离基易扩散到器壁上销毁，混合物不会爆炸
   B. 500 ℃时，压力升高到 200 Pa 和 6 666 Pa 之间，因压力增加，游离基的销毁速度大于支链产生速度而发生爆炸
   C. 500 ℃时，压力继续提升，大于 6 666 Pa，混合物内分子浓度高，造成游离基的销毁速度大于链产生速度不会爆炸
   D. 图中 b 点是氢氧混合物在 500 ℃时的爆炸高限

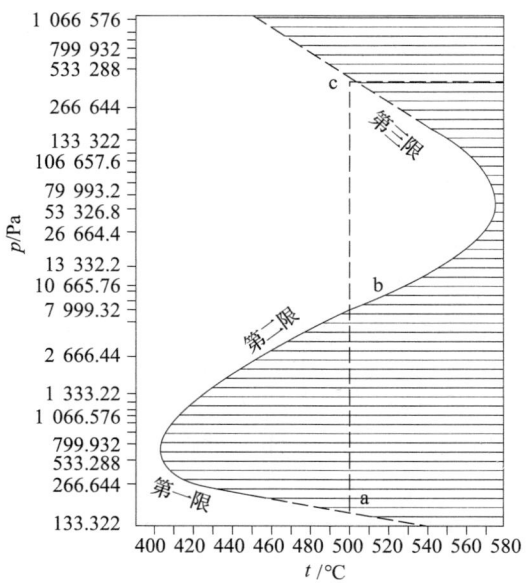

43. 可燃气体在某场所的浓度超过一定值时,遇明火便会发生燃烧或爆炸,非常危险。利用可燃气体探测器监视可燃气体的浓度值,及时发出火灾报警信号,及时采取灭火措施,是非常有必要的。以下有关可燃气体探测器的说法,正确的是（　　）。
    A. 因环境温度经常超过40℃,易形成点火源,此环境应安装可燃气体探测器
    B. 经常有风速为0.4 m/s的气流存在的环境不应安装可燃气体探测器
    C. 有硫化氢气体的场所,应安装可燃气体探测器
    D. 可燃气体探测器应每季度检查一次是否工作正常

44. 能通过自身的结构功能限制或防止机器的某种危险的安全装置是（　　）。
    A. 安全防护装置　　　　　　　B. 安全保护装置
    C. 安全联锁装置　　　　　　　D. 补充安全保护措施

45. 木材加工中发生刀具切割事故的概率大,危险性大。为了降低危险,需在操作区采取针对性的安全技术措施,操作者应遵章守则,规范安全操作行为。以下针对木材加工的安全技术措施不符合要求的是（　　）。
    A. 木工机械的每一操作位置上应装有使机床相应的危险运动件停止的停止操纵装置
    B. 刀具和刀具主轴应使用与其功能相适应的材料制造,能承受最高许用转速的应力
    C. 木工机床的安全防护装置应能在刀具的切削范围内有效封闭危险区
    D. 木材加工的吸尘系统应设在与排放源尽量接近处,保证作业场所粉尘质量浓度不超过15 mg/m^3

46. 变压器的电磁元件是铁芯和绕组,以下（　　）是排除了火灾和爆炸隐患的变压器。
    A. 油浸自冷式变压器　　　　　B. 全密闭油浸式变压器
    C. 干式变压器　　　　　　　　D. 氟化物变压器

47. 引发火灾、爆炸事故的因素很多,一旦发生事故,后果极其严重。以下措施中能阻止和限制火灾爆炸蔓延扩展的是（　　）。
    A. 控制点火源　　　　　　　　B. 装设防爆电气装置
    C. 装设避雷针　　　　　　　　D. 安装火灾报警系统

48. 为了防止锅炉炉膛爆炸,应提高司炉工人技术水平,在启动锅炉点火时要认真按操作规程进行点火。以下锅炉的点火安全操作符合要求的是（　　）。
    A. 点火前因炉膛内还没有燃料,不用通风
    B. 点燃燃气锅炉的程序是先送风,之后投入火炬,最后送燃料
    C. 点燃燃油锅炉需先送燃料,之后通风,最后投入火炬
    D. 点燃燃煤锅炉需先投入火炬,之后投入燃料,最后进行通风

49. 某企业在用气瓶的公称压力为8 MPa,该气瓶要进行水压试验,应选择（　　）MPa的水压试验压力。

A. 8　　　　　B. 9.6　　　　　C. 12　　　　　D. 16

50. 射频泛指超过 100 kHz 的无线电波或相应电磁振荡的频率，射频伤害主要由（　　）的能量造成。
    A. 电磁场　　　B. 电流场　　　C. 雷电危害　　　D. 静电危害

51. 可燃物质在空气中燃烧的形式一般有 5 种，沥青的燃烧属于（　　）。
    A. 混合燃烧　　B. 蒸发燃烧　　C. 分解燃烧　　　D. 表面燃烧

52. 机械加工作业现场生产设备应布局合理，各种安全防护装置及设施齐全，符合有关设备的安全卫生规程要求。以下有关机械加工作业现场生产设备布局及安全防护装置的说法，正确的是（　　）。
    A. 对机械传动装置的运动传动部件采用固定式防护装置
    B. 产生危害物质排放的设备应密闭后设吸风罩
    C. 重型机床高于 600 mm 的操作平台应设高度不低于 1 050 mm 的防护栏杆
    D. 金属表面除锈及抛光铸件清理打磨等作业点，应设置吸风罩

53. 金属切削的主要危险因素有机械危险、电气危险、热危险、噪声危险、振动危险、辐射危险等。以下不属于金属切削机械危险的是（　　）。
    A. 加工件飞甩出造成的危险
    B. 切削飞溅引起的烫伤
    C. 皮带断裂弹射造成的危险
    D. 抛光金属零件产生爆炸性粉尘的危险

54. 爆炸危险环境除了要选择合适的电气设备外，还需敷设符合安全要求的电气线路。以下有关爆炸危险环境的线路敷设，符合要求的是（　　）。
    A. 敷设电气线路的导管需穿过不同区域之间楼板处的空洞，应用难燃性材料严密封堵
    B. 在 1 区内电缆线路严禁有中间接头
    C. 架空电力线路在采取有效措施后可跨越爆炸性气体环境
    D. 爆炸性危险环境宜采用油浸纸绝缘电缆

55.《气瓶安全技术监察规程》规定，检验合格的气瓶的检验标志内容包括检验单位代号、本次检验日期和下次检验日期等。溶解乙炔气瓶本次检验日期是 2020.03，下次检验日期是（　　）。
    A. 2021.03　　B. 2022.03　　C. 2023.03　　D. 2025.03

56. 屏护和间距是防触电的安全措施。屏护和间距主要是（　　）。
    A. 防间接接触电击
    B. 防直接接触电击
    C. 既防直接接触电击又防间接接触电击

D. 防电线触电电击

57. 绝缘材料在运行过程中受到热、电、光、氧、机械力、微生物等因素的长期作用，发生一系列不可逆的物理、化学变化，导致电气性能和力学性能劣化的是（   ）。
   A. 绝缘破坏　　　　B. 绝缘击穿　　　　C. 绝缘损坏　　　　D. 绝缘老化

58. 在生产中，应根据可燃易燃物质的燃烧爆炸特性，以及生产工艺和设备等条件，采取有效措施，预防在设备和系统里或在其周围形成爆炸性混合物。以下措施属于防火防爆的根本性措施的是（   ）。
   A. 惰性气体保护　　　　　　　　　B. 系统密闭
   C. 厂房通风　　　　　　　　　　　D. 以不燃溶剂代替可燃溶剂

59. 操作氧气瓶时，不允许用手戴有油脂的手套来操作的原因是防止产生燃烧爆炸事故。这种燃烧现象是（   ）。
   A. 轰燃　　　　　B. 闪燃　　　　　C. 自热自燃　　　　D. 爆燃

60. 二氧化碳灭火器是利用其内部充装的液态二氧化碳的蒸气压将二氧化碳喷出灭火的一种灭火器具，其利用降低氧气含量，造成燃烧区窒息而灭火。一般氧体积分数低于（   ），燃烧中止。
   A. 12%　　　　　B. 14%　　　　　C. 16%　　　　　D. 18%

61. 民用爆炸物品是用于非军用目的、列入《民用爆炸物品品名表》的各类火药、炸药及其制品和雷管、导火索等点火、起爆器材。以下民用爆炸物品中属于专用民爆物品的是（   ）。
   A. 乳化炸药　　　B. 电雷管　　　　C. 水乳炸药　　　D. 射孔弹

62. 剪板机用于各种板材的裁剪，下列关于剪板机操作与防护的要求中，错误的是（   ）。
   A. 剪板机不得叠料剪切
   B. 剪板机应有单次循环模式
   C. 必须设置紧急停止按钮，在剪板机的前面和后面分别设置
   D. 固定式防护装置应牢固安装在地面上

63. 电击是电流直接通过人体所造成的伤害。当数十毫安的工频电流通过人体，且电流持续时间超过人的心脏搏动周期时，短时间即可导致死亡，其死亡的主要原因是（   ）。
   A. 电休克　　　　　　　　　　　B. 心室发生纤维性颤动
   C. 呼吸麻痹　　　　　　　　　　D. 呼吸中止

64. 起重机司机要坚持"十不吊"原则，以下情况不能起吊的是（   ）。
   A. 起吊埋置着的电线杆　　　　　B. 平整吊物与吊绳之间未加衬垫
   C. 夜间有充足照明进行吊装作业　D. 长短不一的吊物捆绑牢靠

65. 防止回转驱动装置偶尔过载，保护电动机、金属结构及传动零部件免遭破坏的起重机械的安全装置是（　　）。
   A. 起重量限制器
   B. 起重力矩限制器
   C. 极限力矩限制器
   D. 起升高度限制器

66. 大型游乐设施一旦出现故障，可能造成人员被困、坠落、伤害等事故。以下有关大型游乐设施的安全装置及事故处理的说法，正确的是（　　）。
   A. 乘客乘坐观览车类游乐设施产生恐惧时，需等转一圈再停下
   B. 滑行车因故障停在拖动斜坡的最高点，应将乘客从后向前进行疏散
   C. 沿斜坡牵引的提升系统，必须装设止逆装置
   D. 游乐设施对车辆的制动主要是电气制动

67. 烟花爆竹工厂的安全距离实际上是危险性建筑物与周围建筑物之间的（　　）距离。
   A. 外部　　　B. 内部　　　C. 最小允许　　　D. 最大允许

68. 炸药的爆炸是一种化学过程，但与一般的化学过程相比，具有三大特征。以下不属于炸药爆炸的三大特征的是（　　）。
   A. 反应生成物含有大量的气体
   B. 反应的高速性
   C. 反应的破坏性
   D. 反应的放热性

69. 爆炸极限是表征可燃气体、蒸气和可燃粉尘危险性的主要指标之一。它不是一个物理常数，随条件的变化而变化。以下有关易燃易爆混合气的爆炸极限的影响因素，说法错误的是（　　）。
   A. 初始温度的增加会使爆炸下限降低，爆炸上限升高，危险性增大
   B. 初始压力降低到一定值时，爆炸极限范围为零
   C. 不活泼气体含量的增加，对爆炸下限有较大的影响，爆炸极限范围缩小
   D. 管径越细，容器材料的传热性越好，爆炸极限范围越小

70. 以下不属于危险化学品的危险特性的是（　　）。
   A. 燃烧性　　　B. 扩散性　　　C. 爆炸性　　　D. 放射性

二、多项选择题（共15题，每题2分。每题的备选项中，有2个或2个以上符合题意，至少有1个错项。错选，本题不得分；少选，所选的每个选项得0.5分）

71. 低压保护电器主要用来获取、转换和传递信号，并通过其他电器对电路实现控制。熔断器、热继电器均属于低压保护电器。以下有关低压保护电器的说法，正确的是（　　）。
   A. 热继电器有缺相保护作用
   B. 热继电器的热容量小，熔断器的热容量大

C. 热继电器可用作过载保护，不能用于短路保护
D. 熔断器可用作过载保护，不能用于短路保护
E. 熔断器可用作短路保护，不可用于过载保护

72. 锅炉的水位警报器动作并发出警报，司炉人员现场查看发现锅炉的水位表内看不到水位，且表内发暗，司炉人员立即采取措施处理。以下有关司炉人员的处理措施，错误的是（　　）。

A. 立即向锅炉上水，使水位恢复正常
B. 紧急停炉确定事故原因
C. 立即冲洗水位表，检查水位表有无故障
D. 立即关闭给水阀，停止向锅炉上水
E. 启用省煤器再循环管路，减弱燃烧

73. 带锯机的特点是高速运转的带锯条悬空段长，易造成锯条的切割伤害。以下操作符合带锯机的安全技术要求的是（　　）。

A. 带锯机必须设急停控制按钮
B. 不管上锯轮处于何位置，锯轮防护罩均应罩住锯轮 3/4 以上表面
C. 上锯轮处于最高位置时，其上端与防护罩内衬表面应有不小于 100 mm 的足够间隙
D. 严格控制带锯条的纵向裂纹，裂纹超长应立即停止使用
E. 锯条焊接应牢固平整，接头不得超过 3 个，两接头之间的长度应为总长的 1/5 以上

74. 砂轮机借助砂轮的切削作用，除去工件表面的多余层，使工件结构尺寸和表面质量达到预定要求。以下有关砂轮机的操作，符合要求的是（　　）。

A. 用砂轮机的侧面磨削精细工件
B. 操作者应站在砂轮的斜前方
C. 发生砂轮破坏事故后，立即更换新砂轮
D. 禁止多人共用一台砂轮机同时操作
E. 在操作过程中不允许砂轮转速超过最高工作速度

75. 通风是控制作业场所中有害气体、蒸气或粉尘最有效的措施之一。以下有关通风说法正确的有（　　）。

A. 通风分局部通风和全面通风
B. 全面通风可消除污染物
C. 全面通风适用于低毒性作业场所
D. 有害物质呈面式扩散时可安装全面通风设备
E. 用于全面通风的气体不能净化回收

76. 铸造车间的工伤事故远较其他车间多，需从多方面采取安全技术措施，降低风险，减少危险。下列技术措施的说法中，正确的有（　　）。

A. 造型、落砂、清砂等工序宜固定作业工位，以方便采取防尘措施
B. 混砂不宜采用爬式翻斗加料机和外置式定量器
C. 与高温金属液体接触的扒渣棒接触液体前应干燥
D. 浇包盛铁水不得超过容积的80%
E. 浇注完毕后不能等待铸件温度降低，而应尽快取出铸件

77. 机械设备的运动部分是最危险的部位。机械设备的危险部位有转动的危险部位、直线运动的危险部位、转动和直线运动的危险部位。以下对机械设备的危险部位及其防护的说法，正确的是（　　）。

A. 输送链和链轮的危险来自输送链离开链轮处
B. 砂带机的砂带应该向操作者的方向运动，并且有止逆装置
C. 对旋式轧辊应采用钳型防护罩进行防护
D. 使用配重块时，应对其全部行程加以封闭，直到地面或机械的固定配件处
E. 当有辐轮附属于一个转动轴时，用手动有辐轮来驱动机械部件是危险的

78. 电气事故分为触电事故、电气火灾爆炸事故、雷击事故、静电事故、电磁辐射事故和电路事故等。触电事故分为电击和电伤。以下有关电击和电伤的说法，错误的是（　　）。

A. 两线电击比单线电击的危险性大，是发生最多的触电事故
B. 电击是电流直接作用于人体，并转化成其他形态的能量作用于人体形成的伤害
C. 电烙印是电流直接通过人体造成的伤害
D. 电流越大，通电时间越长，电流途径上的电阻越小，电流灼伤越严重
E. 电弧烧伤是最危险的电伤

79. 电火花是电极间的击穿放电。电火花分工作火花和事故火花。以下属于工作火花的是（　　）。

A. 直流电动机的电刷与换向器的滑动接触处产生的火花
B. 系统中有静电时，静电放电产生静电火花
C. 断开断路器时产生的火花
D. 因变压器的绝缘质量降低产生的闪络
E. 插销插入时产生的火花

80. 按照爆炸反应相的不同，爆炸可分为气相爆炸、液相爆炸和固相爆炸。以下爆炸属于气相爆炸的是（　　）。

A. 油压机喷出的油雾引起的爆炸
B. 喷漆作业引起的爆炸
C. 液氧和煤粉等混合引起的爆炸
D. 熔融的矿渣与水接触引起的蒸气爆炸
E. 硝酸和油脂混合引起的爆炸

81. 起重机械的首次检验是指起重机械在投入使用前进行的检验。对于采用整机组装形式出厂的门式起重机，在首次检验中，需要进行的性能试验是（　　）。

　　A. 静载荷试验　　　　B. 动载荷试验　　　　C. 过孔试验

　　D. 额定载荷试验　　　E. 极限载荷试验

82. 叉车是一种对成件托盘货物进行装卸、堆垛和短距离搬运的轮式车辆。以下关于叉车安全使用要求说法错误的是（　　）。

　　A. 严禁用叉车装卸质量不明物件

　　B. 叉车驾驶室可搭乘工作区域人员

　　C. 运输物件行驶过程中应保持起落架水平

　　D. 叉运大型货物影响司机视线时可倒开叉车

　　E. 采取了防坠落措施后，工作人员可以利用提升货叉高度的方式搬运高处物品

83. 防火防爆装置可防止火灾爆炸的发生，阻止火灾爆炸的扩展和减少破坏，常用的防爆泄压装置有安全阀、爆破片。以下有关安全阀和爆破片说法错误的是（　　）。

　　A. 液化气体容器上的安全阀应安装于液相部分

　　B. 当安全阀的入口处装有隔断阀时，隔断阀必须保持常开状态并加铅封

　　C. 用于泄放易燃可燃气体的安全阀，应就地泄放

　　D. 爆破片一般每 6 ~ 12 个月定压一次

　　E. 爆破片的防爆效率取决于它的厚度、泄压面积和材料的选择

84. 烟花爆竹工厂的内、外部安全距离是根据危险性建筑的计算药量、建筑物的危险性等级和防护情况确定的。以下关于确定计算药量说法正确的是（　　）。

　　A. 停滞药量是暂时搁置时，允许存放的最小药量

　　B. 防护屏障内的危险品药量，不应计入该屏障内的危险性建筑物的计算药量

　　C. 防爆间室的危险品药量可不计入危险性建筑物的计算药量

　　D. 厂房内采取分隔防护措施，相互间不会引起同时爆炸或燃烧的药量可分别计算，取其最大值

　　E. 厂房内采取分隔防护措施，相互间不会引起同时爆炸或燃烧的药量可分别计算，取其平均值

85.《化学品安全标签编写规定》规定了化学品安全标签的标签内容。标签要素有化学品标识、象形图、信号词、危险性说明、防范说明、应急咨询电话、供应商标识、资料参阅提示语等。以下属于信号词的是（　　）。

　　A. 注意　　　　　　　B. 危险　　　　　　　C. 禁止

　　D. 警告　　　　　　　E. 提示

安全生产技术基础
模考通关试卷二

一、单项选择题（共 70 题，每题 1 分。每题的备选项中，只有 1 个最符合题意）

1. 机械使用过程中的危险可能来自机械设备和工具自身、原材料、工艺方法和使用手段、人对机器的操作过程，以及机械所在场所和环境条件等多方面，可分为机械性危险和非机械性危险。下列不属于机械性危险的是（　　）。

　　A. 机械设备表面有粗糙或光滑表面
　　B. 强度不够导致的断裂或破裂
　　C. 土岩滑动造成掩埋所致的窒息危险
　　D. 机械设备的振动及噪声

2. 齿轮、链条等都是常用的机械传动机构。机械传动机构运行中处在相对运动的状态，会带来机械伤害的危险。下列有关齿轮的安全防护说法，错误的是（　　）。

　　A. 齿轮传动机构必须装置半封闭型的防护装置
　　B. 防护罩不应有尖角
　　C. 防护罩应便于开启，能方便地打开和关闭
　　D. 防护罩内壁应涂成红色

3. 车床的刀具容易造成划伤、割伤等伤害，为避免此类事故的发生而改为采用自动机床机械加工。此类安全措施是（　　）。

　　A. 间接安全技术措施　　　　B. 直接安全技术措施
　　C. 补充安全技术措施　　　　D. 提示性安全技术措施

4. 机械设备设计应考虑机械的维修性，当产品一旦出现故障，易发现、易拆卸、易检修、易安装等。在维修性设计中不需要考虑的是（　　）。

　　A. 可达性　　　　　　　　　B. 零部件的标准化
　　C. 维修人员的安全　　　　　D. 产品运输的快速性

5. 能通过自身的结构功能限制或防止机器的某种危险的安全装置是（　　）。

　　A. 安全防护装置　　　　　　B. 安全保护装置

C. 安全联锁装置　　　　　　　　　　D. 补充安全保护措施

6. 机械设备经常需要进行操作及与安装、维护相关的工作，这些工作应尽可能由人员在地面完成，并尽可能采取措施确保操作者的安全。下列有关安全进入机器的措施，错误的是（　　）。

　　A. 步行区应尽可能平滑
　　B. 进入位于一定高度的机器位置，应提供楼梯、阶梯及平台的护栏或梯子的安全护笼等防止跌落的措施
　　C. 进入机内的开口应朝向安全的位置
　　D. 提供必要的进入辅助设施

7. 安全标志由图形符号、安全色和安全对比色、几何形状或附以简短的文字组合构成，用于传递与安全及健康有关的特定信息或使某个对象或地点变得醒目。强制人们必须做出某种动作的图形标志是（　　）。

　　A. 禁止标志　　　　　　　　　　　B. 警告标志
　　C. 指令标志　　　　　　　　　　　D. 提示标志

8. 视听组合信号是光、声信号共同作用。设计和应用视听信号应遵循安全人机工程学原则。下列有关视听信号的说法，正确的是（　　）。

　　A. 警告视觉信号的亮度应至少是背景亮度的4倍
　　B. 紧急视觉信号应为黄色
　　C. 紧急信号应优于所有的警告信号
　　D. 听觉信号在接收区内的任何位置都不应低于70 dB（A）

9. 车间通道一般分为纵向主要通道、横向主要通道和机床之间的次要通道。每个加工车间都应有一条纵向主要通道，通道宽度应根据车间的运输方式和经常搬运工件的尺寸确定。电瓶车对开的冷加工纵向主要通道的宽度至少是（　　）m。

　　A. 1　　　　　B. 1.8　　　　　C. 3　　　　　D. 3.5

10. 用普通车床加工细长杆金属材料时，为防止长料甩击伤人事故的发生，应采取的措施是（　　）。

　　A. 佩戴防护用品　　　　　　　　　B. 完善管理制度
　　C. 加强监督管理　　　　　　　　　D. 安装防弯装置

11. 砂轮装置由砂轮、主轴、卡盘和防护罩共同组成。砂轮的安全与砂轮装置各组成部分的安全技术措施直接相关。下列有关砂轮机安全要求的说法，正确的是（　　）。

　　A. 砂轮主轴端部螺纹旋向须与砂轮工作旋转方向相同
　　B. 砂轮主轴螺纹部分须延伸到紧固螺母压紧面内，但不得超过砂轮最小厚度内孔长度的1/4
　　C. 切断用砂轮卡盘直径不得小于砂轮直径的1/4

D. 卡盘与砂轮侧面的非接触部分应有小于 1.5 mm 的间隙

12. 压力机是危险性较大的机械，而冲压事故尤为突出。发生冲压事故的原因是多样的，有操作简单、动作单一，作业频率高，设备本身原因等。下列不属于设备原因造成冲压事故的是（　　）。

　　A. 冲头打崩　　　　　　　　　　B. 机械噪声
　　C. 模具结构设计不合理　　　　　　D. 未安装安全装置

13. 剪板机与冲床的工作原理相似，都属于危险性大的机械。剪板机的操作危险区是刀口和压料装置及其关联区域，常用固定式防护装置，保护暴露于危险区的人员。下列有关剪板机操作安全要求中，错误的是（　　）。

　　A. 当危险间隙不超过 6 mm 时，不需要安全防护
　　B. 剪板机应有多次循环模式，以保证操作连续进行
　　C. 剪板机上必须设紧急停止按钮
　　D. 根据剪板机的结构性能特点，设置安全监督控制装置

14. 存在工件抛射风险的机床，应设有相应的安全防护装置。下列不属于防工件抛射风险的安全防护装置的是（　　）。

　　A. 止逆器　　　　　　　　　　　　B. 分料刀
　　C. 防反弹安全屏护　　　　　　　　D. 锯盘制动器

15. 带锯机具有锯条悬空段长、刚性差、容易出现振动、锯条断裂等危险因素，易造成锯条的切割伤害。下列关于带锯条的安全要求的说法，正确的是（　　）。

　　A. 锯条焊接应牢固平整，接头不得超过 5 个，两接头之间长度应为总长的 1/5 以上
　　B. 严格控制带锯条的竖向裂纹，裂纹超长应切断重新焊接
　　C. 带锯条的锯齿应锋利，齿深不得超过锯宽的 1/4
　　D. 锯条焊接厚度须略微超过锯条厚度

16. 锻造车间里的主要设备有锻锤、压力机、加热炉等，操作人员经常处于振动、噪声、高温灼热、烟尘等环境，易发生各种事故。下列关于锻造机械安全要求的说法，正确的是（　　）。

　　A. 安全阀的重锤必须铅封
　　B. 高压蒸汽管道必须装安全阀和凝结罐
　　C. 外露传动装置必须有防护罩，防护罩须用铰链安装在锻压设备的可移动部件上
　　D. 较大型的空气锤或蒸汽—空气自由锤一般是自动操纵的

17. 基于传统安全人机工程学理论，关于人与机器特性比较，下列说法正确的是（　　）。

　　A. 在需做连续性超精细工作上，机器的可靠性较人的好
　　B. 在做精细调整方面，多数情况下机器会比人做得更好

C. 机器的学习适应能力比人的好

D. 使用机器的一次性投资较低，但在寿命期限内的运行成本较高

18. 电工在进行电气维修作业过程中，误接触了接线端子导致发生电击的是（　　）。

　　A. 直接接触电击　　　　　　　　B. 间接接触电击

　　C. 单线电击　　　　　　　　　　D. 非接触电击

19. 电流通过人体内部，对人体伤害的严重程度与通过人体电流的大小、电流通过人体的持续时间、电流通过人体的途径、电流的种类以及人体状况等多种因素有关。下列有关通过人体的电流途径，最危险的是（　　）。

　　A. 左手至脚　　　　　　　　　　B. 右手至脚

　　C. 左手至胸部　　　　　　　　　D. 右手至胸部

20. 电流的热效应、化学效应和机械效应对人体造成伤害，使人体表面留下伤痕，包括电烧伤、电烙印、皮肤金属化、机械损伤、电光性眼炎等，电流对人体的这种伤害叫作（　　）。

　　A. 触电　　　　B. 电击　　　　C. 电伤　　　　D. 过电

21. 绝缘是用绝缘物把带电体封闭起来。绝缘材料有电性能、热性能、化学性能、吸潮性能、抗生物性能等多项性能指标。下列有关热性能说法错误的是（　　）。

　　A. 无机绝缘材料的耐弧性能优于有机绝缘材料的耐弧性能

　　B. 氧指数在21%以下的材料为可燃性材料

　　C. 氧指数在27%以上的材料是自熄性材料

　　D. 软化温度是固体绝缘材料在较高温度下维持不变形的温度

22. 固体绝缘击穿有电击穿、热击穿、电化学击穿、放电击穿等击穿形式。下列有关固体绝缘击穿说法错误的是（　　）。

　　A. 电击穿的特点是作用时间短，击穿电压高

　　B. 热击穿的特点是作用时间长，击穿电压低

　　C. 电化学击穿的特点是作用时间长，击穿电压低

　　D. 固体绝缘击穿后能恢复部分绝缘性能

23. 屏护是采用护罩、护盖、栅栏、箱体、遮栏等将带电体同外界隔绝开来。下列有关屏护说法错误的是（　　）。

　　A. 遮栏既能防无意识也能防有意识触及带电体

　　B. 遮栏的高度不应小于2 m

　　C. 户内栅栏的高度不应小于1.2 m

　　D. 遮栏的出入口根据需要安装信号装置和联锁装置

24. 接地保护和接零保护都是防止间接接触电击的基本技术措施。下列有关接地保护

说法正确的是（　　）。

A. IT 系统适用于低压用户

B. IT 系统能把故障电压限制在安全范围内

C. TT 系统适用于不接地配电网系统

D. TT 系统能在电气设备发生故障时及时切断电源

25. 保护导体包括保护接地线、保护接零线和等电位连接线。下列对保护导体截面面积的要求，正确的是（　　）。

A. 没有机械防护的 PE 线截面面积不得小于 10 mm^2

B. 有机械防护的 PE 线截面面积不得小于 2.5 mm^2

C. 铜质 PEN 线截面面积不得小于 16 mm^2

D. 铝质 PEN 线截面面积不得小于 25 mm^2

26. 双重绝缘是强化的绝缘结构，包括双重绝缘和加强绝缘。加强绝缘的绝缘电阻是（　　）MΩ。

A. 2　　　　　　B. 5　　　　　　C. 7　　　　　　D. 9

27. 闪点、燃点、引燃温度、爆炸极限、最小点燃电流比、最大试验安全间隙是危险物质的主要性能参数。下列有关危险物质的主要性能参数，说法正确的是（　　）。

A. 闪点越低，危险性越大

B. 爆炸下限越低，爆炸危险性越大

C. 最大试验安全间隙是衡量爆炸性物质的爆炸威力的性能参数

D. 燃点越低，危险性越小

28. 下列物质中，属于Ⅰ类爆炸危险物质的是（　　）。

A. 爆炸性纤维　　　　　　B. 矿井甲烷

C. 丙烷　　　　　　　　　D. 氢气

29. （　　）设备是正常状态和故障状态下产生的火花或热效应均不能点燃爆炸性混合物的电气设备。

A. 增安型　　　　　　　　B. 本质安全型

C. 隔爆型　　　　　　　　D. 无火花型

30. 根据建筑物火灾和爆炸危险性、人身伤亡的危险性、政治经济价值把防雷建筑物分为三类：第一类防雷建筑物、第二类防雷建筑物、第三类防雷建筑物。下列不属于第二类防雷建筑物的是（　　）。

A. 有爆炸危险的露天油罐

B. 制造、使用或储存火炸药及其制品的危险建筑物，但电火花不易引起爆炸

C. 国际特级和甲级大型体育馆

D. 省级重点文物保护的建筑物和省级档案馆

31. 变、配电站是企业的动力枢纽，一旦发生事故，不仅整个生产活动不能正常进行，还可能导致火灾和人身伤亡。下列有关变、配电站的说法中不符合安全要求的是（　　）。
    A. 变、配电站应设在企业的下风侧，并不得设在容易沉积粉尘和纤维的地方
    B. 变、配电站的门的两面都有配电装置时，门应能向两个方向开启
    C. 长度超过 7 m 的高压配电室应至少有两个门
    D. 屋内单台设备总油量在 100 kg 以上时，应设可容纳 20% 油量的挡油设施

32. 依据《中华人民共和国特种设备安全法》的规定，把特种设备分为 8 类。下列设备不属于特种设备的是（　　）。
    A. 氧舱 B. 旅游景区观光车辆
    C. 2 层机械式停车设备 D. 浮顶式原油储罐

33. 判断缺水程度的方法是"叫水"，下列有关"叫水"操作说法正确的是（　　）。
    A. "叫水"适合相对容水量较大的小型锅炉
    B. 打开水位表的放水旋塞，冲洗汽连接管及水连接管
    C. 打开水位表的汽连接管旋塞
    D. 打开放水旋塞

34. 炉管爆破指锅炉蒸发受热面管子在运行中爆破。炉管爆破后的症状是（　　）。
    A. 蒸汽带水 B. 蒸汽压力上升
    C. 水位下降 D. 严重水击

35. 锅炉结渣是指灰渣在高温下黏结于受热面、炉墙、炉排之上并越积越多的现象。结渣使锅炉（　　）。
    A. 受热面吸热能力减弱，降低了锅炉的出力和效率
    B. 受热面吸热能力增加，降低了锅炉的出力和效率
    C. 受热面吸热能力减弱，提高了锅炉的出力和效率
    D. 受热面吸热能力增加，提高了锅炉的出力和效率

36. 金属压力容器一般投用后（　　）年内进行首次定期检验。使用后安全状况等级为 1 级的则每（　　）年检验一次。
    A. 1，3 B. 2，3 C. 3，6 D. 3，5

37. 压力容器一般泛指工业生产中用于盛装反应、传热、分离等生产工艺过程的气体或溶液，并能承载一定压力的密闭设备。下列关于压力容器压力设计的说法中，正确的是（　　）。
    A. 设计操作压力应高于设计压力
    B. 设计压力应高于最高工作压力
    C. 设计操作压力应高于最高工作压力
    D. 安全阀起跳压力应高于设计压力

38. 气瓶目前常用的安全泄压装置有易熔塞合金、爆破片、安全阀和爆破片—易熔塞复合装置。我国目前使用的易熔塞合金装置的公称动作温度分别是 102.5 ℃、100 ℃、70 ℃和 110 ℃。用于溶解乙炔的易熔塞合金装置的公称动作温度为（　　）℃。
   A. 102.5　　　　B. 100　　　　C. 70　　　　D. 110

39. 下列对气瓶充装的说法，正确的是（　　）。
   A. 气瓶充装单位应当按照规定申请办理气瓶充装登记
   B. 气瓶充装单位可充装经过气瓶检验检测合格的外单位的气瓶
   C. 气瓶充装单位不得充装混合气体
   D. 低压液化气体充装完毕后应逐瓶复检充装量

40. 管道带压堵漏技术可以在保持生产运行连续进行的情况下，将泄漏部位密封止漏，因带压堵漏技术的特殊性，有些紧急情况下不能采取带压堵漏技术进行处理。下列泄漏情形中，不能采取带压堵漏技术措施处理的是（　　）。
   A. 受压元件因裂纹而产生泄漏　　　　B. 密封面和密封元件失效而产生泄漏
   C. 管道穿孔而产生泄漏　　　　　　　D. 焊口有砂眼而产生泄漏

41. 检修作业人员在起重机械上进行检修作业，因防护不当失稳，从高空坠落受伤。此类事故是（　　）。
   A. 机械伤害　　B. 车辆伤害　　C. 高处坠落　　D. 起重伤害

42. 下列关于起重机械安全装置的说法，错误的是（　　）。
   A. 凡是动力驱动的起重机，其起升机构均应装设下降极限位置限制器
   B. 为防止臂架式起重机发生臂架折断或折弯甚至是倾覆事故，需装设起重力矩限制器
   C. 露天工作于轨道上的起重机，均应装设防风防爬装置
   D. 同层多台起重机同时作业的需设防撞装置

43. 场（厂）内机动车辆的液压系统中，如果超载或者油缸到达终点油路仍未切断，以及油路堵塞引起压力突然升高，会造成液压系统损坏。因此，液压系统中必须设置（　　）。
   A. 溢流安全阀　　B. 切断阀　　C. 止回阀　　D. 调节阀

44. 大风伤害是客运索道常见的事故。客运索道通常在风力大于（　　）级时应停止运行。
   A. 4　　　　　　B. 5　　　　　　C. 6　　　　　　D. 7

45. 新装、移装和检修后的锅炉，启动前要进行全面检查。锅炉的启动步骤是（　　）。
   A. 检查准备—烘炉煮炉—上水—点火升压—暖管并汽
   B. 检查准备—上水—点火升压—烘炉煮炉—暖管并汽
   C. 检查准备—上水—烘炉煮炉—点火升压—暖管并汽

D. 检查准备—烘炉煮炉—点火升压—上水—暖管并汽

46. 同时具备可燃物、氧化剂、点火源这三个要素才会发生燃烧。而可燃物质的聚集状态不同，其受热后所发生的燃烧过程也不同。下列有关物质燃烧过程的说法，错误的是（　　）。

　　A. 气体的燃烧相较于液体和固体的燃烧所需要的热量少
　　B. 氢气不需要经过受热分解即可燃烧
　　C. 液体要经历受热蒸发、氧化分解再着火燃烧
　　D. 固体磷的燃烧是先受热熔化，再蒸发分解，然后着火燃烧

47. 粉尘爆炸过程比较复杂，受诸多因素制约。以下有关粉尘爆炸的特性和影响因素的说法，错误的是（　　）。

　　A. 粉尘中氧含量越大，爆炸极限范围越大
　　B. 粉尘粒度对爆炸压力上升速率的影响比对爆炸压力的影响要大
　　C. 粉尘粒度越小，爆炸上升速度越小
　　D. 容器尺寸也会对粉尘爆炸压力及压力上升速率有影响

48. 某企业因不遵守安全操作规程，造成发电机产生短路火花而发生的火灾事故是（　　）类。

　　A. B　　　　B. C　　　　C. D　　　　D. E

49. 下列油品中，自燃点最低的是（　　）。

　　A. 蜡油　　　B. 轻柴油　　　C. 煤油　　　D. 汽油

50. 按照爆炸物质反应相的不同，爆炸可分为气相爆炸、液相爆炸、固相爆炸。空气与氢气混合物的爆炸、钢水与水混合产生的爆炸分别属于（　　）。

　　A. 气相爆炸和液相爆炸　　　　B. 气相爆炸和固相爆炸
　　C. 液相爆炸和气相爆炸　　　　D. 液相爆炸和固相爆炸

51. 下列爆炸不属于液相爆炸的是（　　）。

　　A. 液氧和煤粉等混合引起的爆炸
　　B. 硝酸和油脂的混合引起的爆炸
　　C. 喷漆作业引起的爆炸
　　D. 熔融的矿渣与水接触引起的蒸汽爆炸

52. 影响爆炸极限的因素有温度、压力、惰性介质、爆炸容器尺寸及点火源的能量管。下列关于温度增高对爆炸极限的影响，说法正确的是（　　）。

　　A. 爆炸下限越高，爆炸上限越高　　　B. 爆炸下限越高，爆炸上限越低
　　C. 爆炸下限越低，爆炸上限越低　　　D. 爆炸下限越低，爆炸上限越高

53. 下列有关粉尘爆炸的特点，说法正确的是（　　）。

A. 粉尘爆炸持续时间比气体爆炸短

B. 粉尘爆炸压力上升速率比气体爆炸大

C. 粉尘爆炸产生的能量较气体的小

D. 粉尘爆炸有产生二次爆炸的可能性

54. 生产系统内通过防爆泄压设施将超高压力释放出去，防爆泄压装置主要有安全阀、爆破片、防爆门等。下列有关防爆泄压装置的说法，正确的是（　　）。

A. 杠杆式安全阀结构简单但笨重，适用于高、中压系统

B. 杠杆式安全阀结构简单但笨重，适用于中、低压系统

C. 弹簧式安全阀灵敏度高，适用于高温系统

D. 弹簧式安全阀对振动敏感性小，不适用于移动式压力容器

55. 下列关于烟花爆竹产品在生产过程中的防火防爆措施，说法正确的是（　　）。

A. 手工直接接触烟火药的工序不应使用木、竹、铁器等工具

B. 当筒体变形、筒体内壁不洁净或效果件变形时，修复处理后使用

C. 各工序应分别在单独专用工房进行

D. 含有较大颗粒的铝、钛、铁粉的烟火药应筑压

56. 民用爆炸物品包括工业炸药、起爆器材、专用民爆物品。下列属于工业炸药的是（　　）。

A. 电雷管　　　　B. 导火索　　　　C. 铵油炸药　　　　D. 射孔弹

57. 灭火剂分为水和水系灭火剂、气体灭火剂、泡沫灭火剂、干粉灭火剂等。某白酒灌装车间设置推车式灭火器，应优先选择的是（　　）。

A. 抗溶性泡沫灭火器　　　　　　　B. 清水灭火器

C. 水雾灭火器　　　　　　　　　　D. 碳酸氢钠干粉灭火器

58. 火灾事故的发展阶段分为初起期、发展期、最盛期、减弱至熄灭期。初起期是火灾开始发生的阶段，这一阶段可燃物的热解过程至关重要，主要特征是冒烟、阴燃。下列探测器适用于对产生黑烟的检测的是（　　）。

A. 感烟火灾探测器　　　　　　　　B. 离子感烟火灾探测器

C. 光电感烟火灾探测器　　　　　　D. 线型感烟火灾探测器

59. 烟火药的组成决定了它的燃烧和爆炸特性，烟花爆竹的生产制造过程要做到定员、定量、定岗。下列有关烟火药生产中定员说法正确的是（　　）。

A. 烟火药的原材料称量，每栋工房定员2人

B. 粉碎氧化剂、还原剂应分别在单独的专用工房内进行，每栋工房定员2人

C. 烟火药各成分混合宜采用转鼓等机械设备，每栋工房定机1台，定员2人

D. 烟火药调湿，每栋工房定员2人

60. 危险化学品是指具有毒害、腐蚀、爆炸、燃烧、助燃等性质，对人体、设施、环境具有危害的剧毒化学品和其他化学品。根据《化学品分类和危险性公示通则》规定，危险化学品分为（　　）危险三大类。
   A. 物理、化学、环境 B. 理化、毒害、爆炸
   C. 理化、健康、环境 D. 爆炸、毒害、环境

61. 危险化学品安全标签中信号词位于化学品名称的下方。下列属于危险化学品的信号词的是（　　）。
   A. 警告　　　B. 注意　　　C. 中毒　　　D. 警示

62. 通风是控制作业场所中有害气体、蒸气或粉尘最有效的措施之一。下列有关通风的说法，正确的是（　　）。
   A. 局部排风是用新鲜空气将作业场所中污染物稀释到安全浓度以下
   B. 面式扩散源适合局部排风
   C. 全面通风的目的是消除污染物
   D. 全面通风仅适用于低毒性作业场所，不适合污染物量大的作业场所

63. 根据《常用化学危险品贮存通则》规定，储存危险化学品必须遵照国家法律、法规和其他有关的规定。危险化学品应根据危险化学品性能分区、分类、分库贮存。下列不属于危险化学品贮存方式的是（　　）。
   A. 分隔贮存　　　　　　　B. 隔开贮存
   C. 隔离贮存　　　　　　　D. 分离贮存

64. 根据《危险货物运输包装通用技术条件》规定，危险货物包装分为（　　）类。
   A. 3　　　B. 4　　　C. 5　　　D. 6

65. 危险化学品是指具有毒害、腐蚀、爆炸、燃烧、助燃等性质，对人体、设施、环境具有危害的剧毒化学品和其他化学品。易燃物品发生火灾时，需选择合适的灭火剂和合适的方法扑救，以控制火情，减少损失。下列有关化学品扑救方法，正确的是（　　）。
   A. 扑救气体类火灾事故时，应立即采取措施扑灭火焰
   B. 扑救气体类火灾事故时，应立即关闭阀门，减少气体泄漏
   C. 扑救气体类火灾事故时，应立即关闭阀门，减少气体泄漏，同时加强通风
   D. 扑救气体类火灾事故时，切忌盲目扑灭火焰，在没有采取堵漏措施的情况下，必须保持稳定燃烧

66. 凡确认不能使用的爆炸性物品，必须予以销毁，在销毁之前报当地公安部门，选择合适的地点、时间及销毁方法。下列不属于爆炸性物品销毁方法的是（　　）。
   A. 填埋法　　　B. 爆炸法　　　C. 溶解法　　　D. 烧毁法

67. 毒性危险化学品主要是通过呼吸道、消化道、皮肤这三个途径进入人体。当毒性危险化学品通过一定途径进入人体，在体内积蓄到一定剂量后，就会表现出慢性中毒症状。在3~6个月内，有较大剂量毒性危险化学品进入人体内所引起的中毒称为（　　）。

　　A. 慢性中毒　　　　　　　　B. 亚急性中毒
　　C. 急性中毒　　　　　　　　D. 亚慢性中毒

68. 汞泄漏后可先行收集，然后在污染处用（　　）覆盖。

　　A. 石灰石　　B. 高锰酸钾　　C. 纯碱　　D. 硫黄粉

69. 劳动防护用品应防止毒性气体由呼吸道、暴露部位、消化道等侵入人体。当工作环境中毒性气体的体积分数低（一般不高于1%）时，选择（　　）为防护用品。

　　A. 过滤式防毒面具　　　　　B. 自给式防毒面具
　　C. 隔离式防毒面具　　　　　D. 防毒服

70. 危险化学品应根据其性能分区、分类、分库储存，各类危险化学品不得与禁忌物料混合储存。禁忌物料的含义是（　　）。

　　A. 化学性质相同而灭火方法不同的化学物料
　　B. 化学性质相抵触或灭火方法不同的化学物料
　　C. 化学性质相同且灭火方法相同的化学物料
　　D. 化学性质相抵触而灭火方法相同的化学物料

二、多项选择题（共15题，每题2分。每题的备选项中，有2个或2个以上符合题意，至少有1个错项。错选，本题不得分；少选，所选的每个选项得0.5分）

71. 机械的危险部位根据机械部位特性具有不同特点。因此，安装防护装置时，须根据不同危险部位特性选择不同防护装置。下列关于转动运动部件安装防护装置的说法，正确的是（　　）。

　　A. 对无凸起的转动轴，可安装可以相互滑动的护套进行防护
　　B. 辊轴交替驱动的辊式输送机应该在驱动轴的下游安装防护罩
　　C. 安装在通风管道内部的轴流风扇（机）不存在危险，不需要安装防护罩
　　D. 啮合齿轮的防护罩应便于开启，能方便地打开和关闭
　　E. 附属于一个转动轴的有辐轮，在手轮上安装一个机械离合器来提供防护

72. 安全防护措施是从人的安全需要出发，采用特定技术手段，防止仅通过本身安全设计措施不足以减小或充分限制各种危险的安全措施，包括防护装置、保护装置及其他补充安全保护措施。下列有关防护装置说法错误的是（　　）。

　　A. 固定防护装置应采用永久固定或借助紧固件方式固定，不用工具就可打开
　　B. 活动防护装置应尽可能与被防护的机械借助铰链或导链连接，防止防护装置丢失

C. 防护装置应设置在进入危险区的唯一通道上，使人不可能越过或绕过防护装置进入危险区

D. 金属骨架和金属网制成的防护网常用于齿轮传动装置的防护

E. 栅栏式防护适用于防护范围比较小的场合，或作为移动机械移动范围内临时作业的现场防护

73. 下列关于机械制造生产车间安全技术的说法，正确的是（　　）。
   A. 通道：冷加工车间人工运输的通道的宽度不应小于 1 m
   B. 平面布置：噪声较大及有振动的工部布置在厂房的顶层
   C. 安全照明：安全照明的照度不低于该场所一般照明照度标准值的 10%
   D. 物资堆放：大件物件不得超过当班定额
   E. 作业场所地面：地面应平整，所有的坑、沟、池应设盖板或护栏

74. 下列有关木工平刨床的设计和操作的说法，正确的是（　　）。
   A. 刨刀轴使用方形刀轴
   B. 刨刀片径向伸出量不得大于 1.1 mm
   C. 装置不得涂耀眼颜色，不得反射光线
   D. 刨削操作时须全打开刀轴
   E. 非工作状态下，防护罩在工作台面全宽度上盖住刀轴

75. 安全电压可以把加在人身上的电压限制在某一范围之内，使得在这种电压下，通过人体的电流不超过特定的允许范围。下列有关安全电压的说法，正确的是（　　）。
   A. 中国标准规定，工频安全电压的限值为 50 V
   B. 有电击危险使用的局部照明灯的安全电压为 36 V
   C. 金属容器内使用 24 V 安全电压
   D. 特别危险环境使用手持电动工具的安全电压为 42 V
   E. 当电气设备采用 24 V 以上安全电压时，必须采取防止直接接触电击的安全措施

76. 电火花分为工作火花和事故火花。下列属于事故火花的是（　　）。
   A. 熔丝熔断时产生的火花
   B. 系统中有静电时，静电放电产生的静电火花
   C. 断开断路器时产生的火花
   D. 因变压器的绝缘质量降低产生的闪络
   E. 插销插入时产生的火花

77. 电气设备稳定运行时，其最高温度和最高温升都不会超过允许范围。当电气设备非常运行时，发热量增加，温度升高乃至产生危险温度。下列有关危险温度，说法正确的是（　　）。
   A. 带有铁芯的变压器，通电后铁芯不能吸合，涡流损耗和磁滞损耗增加将造成铁芯

过热形成危险温度

B. 电气设备漏电电流沿线路均匀分布，发热量分散，会产生危险温度

C. 电动机缺油，造成堵转无转矩输出，不会产生危险温度

D. 不同种类导体的连接处，因理化性能不同，易形成危险温度

E. 电压过低，对于恒定功率负载，会使电流增大，增加发热，导致危险温度

78. 锅炉水位高于水位表最高安全水位刻度线的现象为锅炉满水事故。下列选项中，（　　）是满水事故的后果。

A. 水位表看不到水位，表内发白发亮

B. 过热蒸汽温度降低

C. 蒸汽品质降低

D. 给水流量不正常，小于蒸汽流量

E. 严重满水会损坏过热器

79. 压力表用于准确测量锅炉上所需测量部位压力的大小，正确选择、安装、使用压力表对锅炉安全有着重要意义。下列有关压力表的说法，错误的是（　　）。

A. 压力表装设在锅筒水位下

B. 应选择量程是工作压力 2 倍的压力表

C. 表盘直径不大于 100 mm，表盘上划有最高工作压力红线标志

D. 每年对其校验一次并铅封完好

E. 压力表装置如压力表、存水弯管、三通旋塞等应齐全

80. 锅炉运行中，运行人员需不间断地通过各监测附件，监测锅炉内的运行状况。下列有关锅炉运行监测控制，符合要求的是（　　）。

A. 锅炉气压的变动是由负荷变动引起的，负荷大于蒸发量，气压下降

B. 水位变化与负荷、蒸发量和气压的变化密切相关，低负荷运行时，水位稍低于正常水位

C. 水位变化与负荷、蒸发量和气压的变化密切相关，高负荷运行时，水位稍低于正常水位

D. 锅炉气压的变动是由负荷变动引起的，负荷小于蒸发量，气压下降

E. 锅炉水位应经常保持在正常水位线附近

81. 起重作业的安全与整个操作过程紧密相关，下列情况中，司机应拒绝操作的是（　　）。

A. 吊物被挤压　　　　　　　　　B. 夜间进行起重作业

C. 吊载接近额定值　　　　　　　D. 被吊重物与吊索之间未加衬垫

E. 被吊物上有浮置物

82. 根据《中华人民共和国消防法》规定，消防设施是指火灾自动报警系统、自动灭

火系统、消火栓系统、防烟排烟系统以及（　　）等。

A. 消防车　　　　B. 应急广播　　　　C. 应急照明

D. 应急通信系统　　E. 安全疏散设施

83. 某些可燃气体，即使没有空气或氧气参与，也能发生爆炸，这种现象叫作分解爆炸。下列气体中，可以发生分解爆炸的是（　　）。

A. 甲烷　　　　　B. 臭氧　　　　　　C. 氢气

D. 二氧化氮　　　E. 氰化氢

84. 燃烧的三要素是燃烧发生的必要条件。燃烧的三要素包括（　　）。

A. 可燃物　　　　B. 氧气　　　　　　C. 链式反应

D. 助燃物　　　　E. 点火源

85. 毒性危险化学品主要是通过呼吸道、消化道、皮肤这三个途径进入人体。当毒性危险化学品一次或短时间内大量进入人体内所引起的中毒是急性中毒。下列有关急性中毒的急救，说法错误的是（　　）。

A. 急性中毒发生后，救护人员应立即就地对中毒者实施抢救

B. 急性中毒发生后，救护人员在急救过程中应注意中毒者的保暖

C. 急性中毒发生后，对水溶性毒性危险化学品应用流动清水冲洗后，再用干布擦干

D. 如因腐蚀性毒性危险化学品引起的消化道急性中毒，应迅速用 1/5 000 的高锰酸钾溶液洗胃

E. 急性中毒发生后，救护人员除了对中毒者进行抢救外，还应采取措施切断毒性危险化学品来源

安全生产技术基础
模考通关试卷三

一、单项选择题（共70题，每题1分。每题的备选项中，只有1个最符合题意）

1. 机械设备的运动部分是最危险的部位，机械的运动包括转动、直线运动、传动，下列有关转动的防护说法正确的是（　　）。
   A. 光滑无凸起的旋转轴因其光滑，摩擦力小，不易造成缠绕危险，因此不需要防护
   B. 有凸起部分的转动轴应安装固定式防护罩部分封闭
   C. 对旋式轧辊的相邻轧辊间距大，不会造成卷入危险，不需要采用防护装置
   D. 辊式输送机的所有辊轴都驱动，不存在卷入危险，不需要安装防护装置

2. 生产操作中，机械设备的运动部分是最危险的，下列有关危险部位说法错误的是（　　）。
   A. 带传动的危险部位是带接头
   B. 带传动的危险部位是带进入带轮的部位
   C. 输送链和链轮的危险部位是输送链离开链轮处以及链齿
   D. 齿轮传动中，两个齿轮开始啮合的地方最危险

3. 当设备发生碰壳漏电时，人体接触设备金属外壳所造成的电击称为（　　）。
   A. 直接接触电击　　　　　　　B. 间接接触电击
   C. 静电电击　　　　　　　　　D. 非接触电击

4. 在不妨碍机器使用功能的前提下，机器的外形设计应尽量避免尖棱利角和突出结构，这是在设计阶段采用的（　　）技术措施。
   A. 本质安全　　　　　　　　　B. 失效安全
   C. 定位安全　　　　　　　　　D. 指示性

5. 下列机械安全防护措施中不属于保护装置的是（　　）。
   A. 能动装置　　　　　　　　　B. 限制装置
   C. 活动装置　　　　　　　　　D. 联锁装置

6. 危险化学品是指具有（　　）等性质，对人体、设施、环境具有危害的剧毒化学

品和其他化学品。

　　A. 毒害、高压、爆炸、腐蚀、辐射
　　B. 爆炸、燃烧、毒害、腐蚀、助燃
　　C. 易燃、易爆、有毒、有害、高温
　　D. 爆炸、易燃、毒害、腐蚀、低温

7. 安全色是被赋予安全意义，具有特殊属性的颜色，包括红、蓝、黄、绿四种。机械设备的裸露部位应涂（　　）。

　　A. 红色　　　　　B. 蓝色　　　　　C. 黄色　　　　　D. 绿色

8. 作业场所要做到"工完、料尽、场地清"，地面平整，无障碍物和绊脚物，容易发生危险事故的场地应设置醒目的安全标志。下列安全标志设置不符合要求的是（　　）。

　　A. 落地电柜箱的前面不得用其他物品遮挡的禁止阻塞线标志
　　B. 高出地面的设备安装平台边缘的安全警戒线标志
　　C. 楼梯第一级台阶和人行道高差 300 mm 以上的防止绊跌线标志
　　D. 突出悬挂物及机械可移动范围内设避免碰撞的安全提示线标志

9. 砂轮机结构简单，使用频率高，属于危险性较大的生产设备，应按操作要求正确操作。下列操作中不符合砂轮机使用要求的是（　　）。

　　A. 使用砂轮的圆周表面进行磨削作业
　　B. 操作者站在砂轮的斜前方
　　C. 单人操作砂轮机
　　D. 发生砂轮事故后，必须更换砂轮

10. 压力机安装危险区安全保护装置，并确保正确使用、检查、维修和可能的调整，以保护暴露于危险区的每个人员。下列有关双手操作式安全装置的说法，正确的是（　　）。

　　A. 同一手臂的手掌和手肘或小臂和手肘可同时推按操纵器，离合器接合滑块下行程
　　B. 被中断的操作，需立即双手同时按压恢复运行
　　C. 多人协同配合操作压力机，应为每位操作者都配置双手操纵装置，并且只有全部操作者协同操作双手操纵装置，滑块才能启动
　　D. 双手操作式安全装置能保护该作业区的所有人

11. 绝缘材料受到电气、高温、潮湿、机械、化学、生物等因素的作用时均可能遭到破坏。下列有关绝缘破坏的说法，正确的是（　　）。

　　A. 绝缘气体击穿后绝缘性能不易恢复
　　B. 液体绝缘的击穿特性与其纯净程度有关，击穿后能较快恢复其绝缘性能

C. 固体绝缘击穿后将失去其原有性能

D. 绝缘击穿是指绝缘材料上的电场强度高于临界值时，绝缘材料发生分解，电流急剧降低，完全失去绝缘性能

12. 下列不属于防止直接接触电击的是（　　）。

A. 利用绝缘材料对带电体进行封闭和隔离

B. 采用遮栏、护罩、护盖、箱匣等将带电体与外界隔离

C. 保证带电体与地面有必要的安全间距

D. 限制作用于人体的电压，抑制通过人体的电流，以保证触电时处于安全状态

13. 安全阀是锅炉上的重要安全附件之一，它对锅炉内部压力极限的控制及对锅炉的安全保护起着重要作用，应（　　）。

A. 每年对其校验两次并加锁或铅封，每月手动排放一次

B. 每年对其校验一次并加锁或铅封，每月自动排放一次

C. 每年对其检验、定压两次并加锁或铅封，每月自动排放试验一次

D. 每年对其检验、定压一次并铅封完好，每月手动排放一次

14. 下列有关气瓶充装的说法，错误的是（　　）。

A. 气瓶充装单位应按规定申请办理气瓶使用登记

B. 除了特殊情况外，气瓶充装单位应当充装本单位自有并且办理使用登记的气瓶

C. 气瓶充装单位可充装本单位翻新且检验合格的气瓶

D. 气瓶充装单位应当按照《气瓶充装许可规则》的规定，取得气瓶充装许可

15. 手工送料的木工机械应采取针对有效的安全技术措施，操作者应遵章守则，规范安全操作行为。下列有关手工送料木工机械安全技术要求，说法正确的是（　　）。

A. 木材遇到有节疤或残茬不得进料

B. 木工机械是否设置急停装置，应视具体机床而定

C. 机床工作台和导向板应有光滑的表面，不能有缺陷和凹坑

D. 刀具和刀具主轴应能承受最高转速的应力

16. 摩擦和撞击是可燃气体、蒸气和粉尘、爆炸物品等着火爆炸的根源之一，下列措施中不属于防碰撞引起火灾或爆炸的是（　　）。

A. 机器轴承应有良好的润滑　　　　B. 地面铺沥青、菱苦土

C. 用铍铜合金材料制作敲打工具　　D. 使用铁质工具

17. 锅炉缺水是锅炉运行中最常见的事故之一，常常造成严重后果。下列不属于造成缺水事故的原因的是（　　）。

A. 水位表故障　　　　　　　　　　B. 给水品质不符合要求

C. 未关排污阀　　　　　　　　　　D. 水冷壁爆破漏水

18. 圆锯机是以圆锯片对木材进行锯切加工的机械设备。下列有关圆锯机的锯片与锯轴的说法，正确的是（　　）。
   A. 圆锯机所使用圆锯片的纵向稳定性和锯齿的足够刚度是主要的安全指标
   B. 锯轴的最大允许转速大于额定转速
   C. 圆锯片的锯齿断裂 2 齿应停止使用
   D. 圆锯片有裂纹不允许修复使用

19. 在锻造生产中易发生机械伤害、火灾爆炸、灼烫等伤害事故。下列伤害类型中，不属于机械伤害的是（　　）。
   A. 打飞锻件伤人　　　　　　　　B. 高空坠落
   C. 辅助工具打飞击伤　　　　　　D. 锤杆断裂击伤

20. 工业生产中毒性危险化学品进入人体最重要的途径是（　　），凡是以气体、蒸气、雾、烟、粉尘形式存在的毒性危险化学品，均可经过它侵入人体内。
   A. 皮肤　　　　B. 鼻子　　　　C. 呼吸道　　　　D. 消化道

21. 爆炸性气体混合物按照（　　）被分为 6 组。
   A. 最大试验安全间隙　　　　　　B. 最小点燃电流比
   C. 燃点　　　　　　　　　　　　D. 引燃温度

22. 实现机械安全的优先顺序是（　　）。①消除产生危险的原因。②提供保护装置或保护服。③进行员工培训。
   A. ①②③　　　B. ②③①　　　C. ②①③　　　D. ①③②

23. 在机械基础（　　）阶段，对操作者和机器进行功能分配时，应遵循安全人机工程学原则，考虑预定使用机器"人－机"相互作用的所有因素，以减轻操作者心理、生理压力和紧张程度。
   A. 设计　　　　B. 安装　　　　C. 制造　　　　D. 维修

24. 通过道路运输剧毒化学品的，托运人应当向运输始发地或者目的地（　　）申请剧毒化学品道路运输通行证。
   A. 市级人民政府　　　　　　　　B. 县级人民政府
   C. 市级公安机关　　　　　　　　D. 县级公安机关

25. 在接触电压 100 ~ 220 V 范围内时，人体电阻在 2 000 ~ 3 000 Ω 之间。人体电阻大小不是固定不变的，会随着环境变化而变化。以下有关人体电阻影响因素说法错误的是（　　）。
   A. 接触电压升高，人体电阻降低
   B. 接触电流升高，人体电阻降低
   C. 角质层或表皮破损，人体电阻降低

D. 煤粉污染皮肤，人体电阻增加

26. 某公司购置了一台 24 m 的大型冷机械加工机床，安装时，该设备操作面离墙柱的距离至少为（   ）m。
　　A. 1.3　　　　　　B. 1.5　　　　　　C. 1.8　　　　　　D. 2

27. 因人的心理因素而引发的事故占 70% ~ 75%，因此，研究人的心理特性的安全心理学对安全生产具有重要的意义。安全心理学的主要研究内容和范畴不包括（   ）。
　　A. 性格　　　　　　B. 动机　　　　　　C. 体力　　　　　　D. 意志

28. 设备的防触电保护依靠特低电压（SELV）供电，且设备内可能出现的电压不会高于特低电压。该类设备从电源方面就保证了安全。该类设备属于（   ）类设备。
　　A. 0　　　　　　　B. Ⅰ　　　　　　　C. Ⅱ　　　　　　　D. Ⅲ

29. 正压型设备是向外壳内充入带正压的清洁空气、不活泼气体或连续通入清洁空气以阻止爆炸性混合物进入外壳内的电气设备，其标志是（   ）。
　　A. d　　　　　　　B. p　　　　　　　C. q　　　　　　　D. e

30. 体力劳动强度指数 I 是区分体力劳动强度等级的指标。体力劳动强度按大小分为（   ）级。
　　A. 3　　　　　　　B. 4　　　　　　　C. 5　　　　　　　D. 6

31. 爆炸危险区域的划分受通风情况的影响。如果通风良好，应降低爆炸危险区域等级。良好的通风标志是混合物中危险物质的浓度被稀释到爆炸下限的（   ）以下。
　　A. 1/2　　　　　　B. 1/3　　　　　　C. 1/4　　　　　　D. 1/5

32. 起重机械的首次检验是指起重机械在投入使用前进行的检验。对于采用整机组装形式出厂的门式起重机，在首次检验中，不需要进行的性能试验是（   ）。
　　A. 静载荷试验　　　　　　　　　　　B. 动载荷试验
　　C. 极限载荷试验　　　　　　　　　　D. 额定载荷试验

33. 采取消除或减少爆炸性混合物、消除引火源、对危险设备进行隔离等措施预防电气设备的火灾事故。下列有关设备隔离的说法，不正确的是（   ）。
　　A. 室内电压 10 kV 以上者，总油量 60 kg 以下的充油设备可安装在两侧有隔板的间隔内
　　B. 10 kV 变、配电室不得设在爆炸危险环境的正下方
　　C. 毗连变、配电室的门、窗应向内打开
　　D. 室外变、配电装置不应设置在易于沉积可燃粉尘的地方

34. 装设避雷针、避雷线、避雷网、避雷带是防护直击雷的主要措施。下列有关直击雷防护的说法，错误的是（   ）。

A. 独立避雷针是离开建筑物单独装设的，有单设的接地装置
B. 在装有避雷针的构筑物上架设通信线，必须采取相应的安全措施
C. 露天装设的有爆炸危险的金属储罐的壁厚不小于 4 mm 时，可不装设接闪器，但必须接地
D. 独立避雷针不应设在人经常通行的地方

35. 充足的照明是改善劳动环境、保障安全生产的必要条件。照明设备不正常运行可能导致火灾，也可能直接导致人身伤害事故。下列有关电气照明的说法，正确的是（　　）。
A. 易燃易爆场所的照明配线用金属管配线
B. 灯饰所用材料应为可燃性材料
C. 应急照明线路不能与动力线路合用，但能与照明线路合用
D. 库房内应设碘钨灯，不应设白炽灯

36. 锅炉是指利用各种燃料、电能或者其他能源，将所盛装的液体加热，并对外输出热能的设备。按载热介质分类，将出口介质为 120 ℃ 以下低温水的锅炉称为（　　）。
A. 蒸汽锅炉　　　　　　　　　B. 热水锅炉
C. 低温锅炉　　　　　　　　　D. 高温锅炉

37. 下列不属于满水事故所造成的后果的是（　　）。
A. 给水流量不正常地大于蒸汽流量
B. 蒸汽品质降低
C. 过热蒸汽温度升高
D. 水位表内看不到水位，但表内发暗

38. 人机系统可分为人工操作系统、半自动化系统和全自动化控制系统三种。下列关于人工操作系统、半自动化系统的说法，正确的是（　　）。
A. 人在系统中充当操作者和管理者
B. 系统的安全性主要取决于该系统人机功能分配的合理性
C. 系统的安全性主要取决于人处于低负荷时应急反应变差
D. 系统的安全性取决于机器的冗余系统是否失灵

39. 压力容器爆炸可分为物理爆炸和化学爆炸。下列有关压力容器爆炸的说法，正确的是（　　）。
A. 压力容器内液体过热汽化引起的爆炸是化学爆炸
B. 液化气体储罐发生超压爆炸是化学爆炸
C. 空气渗入煤气发生炉内发生爆炸是化学爆炸
D. 物理爆炸往往比化学爆炸严重

40. 手持电动工具包括手electric钻、手砂轮、冲击电钻等，移动设备包括蛙夯、振捣器

等。下列有关手持电动工具和移动设备的说法，正确的是（　　）。

A. Ⅱ类手持电动工具必须采取保护接地措施

B. Ⅰ类移动式电气设备必须采取保护接地措施

C. 移动式电气设备的保护线应单独敷设

D. 在导电性能良好的作业场所，使用 O 类手持电动工具

41. 安全电压是在一定条件下、一定时间内不危及生命的电压。下列有关安全电压的说法，正确的是（　　）。

A. 安全电压是既能防止间接接触电击，也能防止直接接触电击的安全技术措施

B. 安全电压供电的设备属于Ⅰ类设备

C. 中国标准规定直流安全电压的限值为 50 V

D. 当电气设备采用安全电压时，不必再采用直接接触电击的防护措施

42. 气瓶水压试验压力为公称工作压力的（　　）倍。

A. 1　　　　　B. 1.5　　　　　C. 2　　　　　D. 3

43. 压力管道是指公称直径≥50 mm，并利用一定的压力输送气体或者液体的管状设备。下列说法中符合压力管道输送要求的是（　　）。

A. 最高工作压力＞0.1 MPa（绝压）的气体

B. 公称直径小于 150 mm，且最高工作压力小于 1.6 MPa（表压）的输送无毒气体

C. 最高工作温度低于标准沸点的液体

D. 有腐蚀性、最高工作温度高于或者等于标准沸点的液体

44. 压力管道日常运行中发生的故障主要有接头和密封填料处的泄漏，管道异常振动和摩擦、安全阀动作失灵、管道内部堵塞和仪表失灵等。下列有关压力管道故障处理中不符合要求的是（　　）。

A. 可拆卸接头发生泄漏事故后可带压紧固连接件消除泄漏

B. 安全阀动作失灵时，应停车后对安全阀进行检查和调试

C. 工业管道内部堵塞应停车进行清理

D. 通过调整支承来消除管道异常振动

45. 起重作业必须严格遵守有关安全操作规程。下列关于起重作业安全要求的说法，正确的是（　　）。

A. 严格按指挥信号操作，对紧急停止信号，无论何人发出，都必须立即执行

B. 司索工主要从事地面工作，如准备吊具、捆绑挂钩、摘钩卸载等，不得担任指挥任务

C. 作业场地为斜面时，地面人员应站在斜面的下方

D. 在采取相应保证措施的情况下，可以同时利用主、副钩工作

46. 保护接零系统的原理是当设备某相带电体碰连设备外壳时，通过设备外壳形成该相对保护零线的单相短路。下列有关保护接零系统的说法，正确的是（　　）。

A. TN 系统能将漏电设备的电压限制在某一安全范围内

B. 在 TN 系统中，对于移动式电气设备的线路，故障持续时间不宜超过 5 s

C. TN 系统可与 TT 系统联用，以提升电气设备系统安全性

D. TN-C 系统适用于无爆炸危险、火灾危险性不大、用电设备较少的场所

47. 叉车护顶架是为保护司机免受重物落下造成伤害而设置的安全装置。下列关于叉车护顶架的说法，错误的是（　　）。

A. 起升高度超过 1.8 m，必须设置护顶架

B. 护顶架一般都是由型钢焊接而成的

C. 护顶架必须能够遮掩司机的上方

D. 护顶架应进行疲劳载荷试验检测

48. 客运索道的运行管理和日常检查、维修是其安全运行的重要保障。下列关于客运索道安全运行的要求，正确的是（　　）。

A. 客运索道在日常检查中发现问题且情况紧急时，现场操作人员可以决定停止使用设备并及时报告本单位负责人

B. 客运索道出现故障时，应对设备故障部位进行检查，消除事故隐患后，可重新投入使用

C. 客运索道线路润滑巡视工每周至少全线巡视一周

D. 客运索道遇事故停车，采取安全措施排除故障后，必须经值班站长同意，方可重新运送乘客

49. 燃烧是可燃物与氧化剂作用发生的放热反应，通常伴有火焰、发光和发烟现象。而在时间和空间上失去控制的燃烧称为（　　）。

A. 自燃　　　　B. 燃爆　　　　C. 火灾　　　　D. 着火

50. 燃烧有闪燃、着火、自燃等，其对应的参数有闪点、着火点、自燃点。下列关于各种燃烧类型及参数的说法，正确的是（　　）。

A. 闪燃是一定温度下固体表面能产生足够的可燃蒸气，遇火能产生一闪即灭的燃烧现象

B. 液体和固体可燃物受热分解出来的可燃气体越多，其自燃点就越低

C. 着火是指可燃物与火源接触而燃烧，并且移去火源后能继续保持燃烧，着火点越低，危险性越小

D. 阴燃没有火焰但有可见光，是处于燃烧初期的一种燃烧现象

51. 根据起重机金属结构的特点，下列属于臂架类型的起重机是（　　）。

A. 5 t 门式起重机　　　　　　　B. 20 t 装卸桥

C. 塔式起重机　　　　　　　　D. 缆索起重机

52. 用柔性钢丝绳牵引吊臂进行变幅的起重机，当起升用钢丝绳在起吊过程中出现断

裂，重物突然坠落，会使起重机发生吊臂（　　）事故。
A. 碰撞　　　B. 挤压　　　C. 后倾　　　D. 断臂

53. 根据《火灾分类》，按物质的燃烧特性可将火灾分为6类，C类火灾是指（　　）。
A. 固体火灾　　　　　　　B. 液体火灾
C. 金属火灾　　　　　　　D. 气体火灾

54. 按照爆炸反应相的不同，爆炸可分为气相爆炸、液相爆炸和固相爆炸。下列爆炸不属于气相爆炸的是（　　）。
A. 飞扬悬浮于空气中的可燃粉尘引起的爆炸
B. 液体被喷成雾状物在剧烈燃烧时引起的爆炸
C. 乙炔的分解爆炸
D. 熔融的矿渣与水接触引起的蒸汽爆炸

55. 危险品在运输中发生事故的情况比较常见，下列关于危险化学品运输说法正确的是（　　）。
A. 用翻斗车运输爆炸品
B. 用翻斗车搬运易燃、易爆液化气体
C. 氧气瓶和乙炔气瓶同车运输
D. 内河封闭水域禁止运输剧毒化学品

56. 氢气的爆炸极限范围是（4%，76%），则氢气的危险度是（　　）。
A. 18　　　B. 0.95　　　C. 0.9　　　D. 20

57. 阻火隔爆按作用原理分为机械隔爆和化学抑爆，机械隔爆是依靠某些固体或液体物质阻隔火焰的传播，化学抑爆主要是通过释放某些化学物质来抑制火焰的传播。下列关于化学抑爆装置说法错误的是（　　）。
A. 化学抑爆适用于装有气相氧化剂中可能发生爆燃的气体、油雾或粉尘的任何密闭设备
B. 化学抑爆技术对设备的强度要求高
C. 化学抑制适用于泄爆，易产生二次爆炸
D. 化学抑制的产生原理是高灵敏度的爆炸探测器探测到爆炸发生瞬间的危险信号，通过控制器启动爆炸抑制器

58. 烟花爆竹主要性能检测项目包括摩擦感度、撞击感度、静电感度、爆发点、相容性、吸湿性、水分、pH值。下列关于性能检测说法正确的是（　　）。
A. 爆发点越低，炸药对热感度越低
B. 爆发点越高，炸药对热感度越低
C. 炸药中加入杂质会提高炸药的感度，危险度增加
D. 热点半径越小，炸药的敏感度越低，临界温度也就越低

59. 腐蚀是造成压力容器失效的一个重要因素,对于有些工作介质来说,只有在特定的条件下才对压力容器的材料产生腐蚀。因此,要尽力消除这种能够引起腐蚀的条件。下列关于压力容器日常保养说法错误的是(   )。

    A. 盛装一氧化碳的压力容器应采取干燥和过滤等措施
    B. 多孔性介质适用于盛装稀碱液
    C. 盛装氧气的碳钢容器应采取干燥的方法
    D. 常采用防腐层,如涂漆来防止介质对器壁的腐蚀

60. 民用爆炸物品是广泛用于矿山、开山辟路、水利工程、地质探矿和爆炸加工等许多工业领域的重要消耗材料。这类器材本身存在着燃烧爆炸特性,具有火灾爆炸危险性。炸药燃烧的特性有能量特征、燃烧特性、力学特性、安定性、安全性。标志炸药做功能力的参量是(   )。

    A. 能量特征 B. 燃烧特性
    C. 力学特性 D. 安全性

61. 水是最常用的灭火剂。它既可单独用来灭火,也可以在其中添加化学物质配制成混合液使用。下列不属于水在灭火过程中应发挥的作用的是(   )。

    A. 冷却作用 B. 窒息作用
    C. 隔离作用 D. 化学抑制作用

62. (   )是火炸药或燃爆性气体混合物的一种快速燃烧现象,伴有爆炸的一种以亚音速传播的燃烧波。

    A. 爆轰 B. 爆炸 C. 爆燃 D. 轰燃

63. 可燃气体火灾探测器主要应用在有可燃气体存在或可能发生泄漏的易燃易爆场所,通过检测可燃气体浓度值,及时发出火灾报警信号,及时采取灭火措施。下列有关可燃气体探测器说法正确的是(   )。

    A. 检测密度大于空气的可燃气体时,探测器应安装在距地面超过 0.5 m 处
    B. 检测密度小于空气的可燃气体时,探测器应安装在可能泄漏处的上部
    C. 宜在风速 0.5 m/s 以上气流或环境温度超过 40 ℃ 的场所安装可燃气体探测器
    D. 可燃气体探测器应每半年检查一次是否正常工作

64. 根据《烟花爆竹工程设计安全规范》规定,危险性建筑物分为 1.1 级和 1.3 级。生产、储存爆炸物品的工厂、仓库应建在远离城市的独立地带,必须符合国家有关安全规定。下列有关工厂布局说法错误的是(   )。

    A. 厂房和库房的危险等级应由其中最危险的确定
    B. 同一危险等级的厂房和库房宜集中布置
    C. 危险性建筑物之间、危险性建筑物与其他建筑物之间的距离应符合内部最大允许距离的要求

D. 危险品生产厂房宜小型、分散

65. 适用于内装危险性较大的货物的是（　　）包装。
A. Ⅰ类　　　　B. Ⅱ类　　　　C. Ⅲ类　　　　D. Ⅳ类

66. 根据《危险化学品安全管理条例》规定，从事危险化学品经营的企业应有符合国家标准、行业标准的经营场所，储存危险化学品的，还应当有符合国家标准、行业标准的储存场所。下列符合《危险化学品经营企业开业条件和技术要求》规定的是（　　）。
A. 零售业经营爆炸品的店面应与繁华商业区或居住人口稠密区保持 500 m 以上距离
B. 零售业务的店面经营面积（不含库房）应小于 60 m²，其店面内不得设有生活设施
C. 零售业务的店面与存放危险化学品的库房应有防火墙相隔
D. 零售业务的店面内危险化学品的摆放应布局合理，禁忌物料混放

67. 通风是控制作业场所中有害气体、蒸气或粉尘最有效的措施之一。下列有关通风说法正确的是（　　）。
A. 对于点式扩散源用局部通风　　　　B. 对于点式扩散源用全面通风
C. 对于面式扩散源用局部通风　　　　D. 对于面式扩散源用全面通风

68. 化学品安全技术说明书又称物质安全技术说明书（MSDS），其提供了化学品在安全、健康和环境保护等方面的信息。化学品安全技术说明书包括（　　）项安全信息内容。
A. 12　　　　B. 14　　　　C. 16　　　　D. 18

69. 乳化炸药是将水相和油相在高速的运转和强剪切力作用下，借助乳化剂的乳化作用而形成乳化基质，再经过敏化剂敏化得到的一种油包水型的爆炸性物质。乳化炸药生产的火灾爆炸危险因素主要来自（　　）。
A. 高速的运转　　　　B. 强剪切力
C. 撞击摩擦　　　　　D. 物质危险性

70. 具有结构简单、泄压反应快、密封性能好、适应性强等特点的是（　　）。
A. 安全阀　　　　B. 易熔塞　　　　C. 爆破片　　　　D. 爆破帽

二、多项选择题（共 15 题，每题 2 分。每题的备选项中，有 2 个或 2 个以上符合题意，至少有 1 个错项。错选，本题不得分；少选，所选的每个选项得 0.5 分）

71. 金属切削加工过程有机械危险、热危险、物质危险、噪声振动危险、触电危险、粉尘爆炸危险等，应通过设计尽可能排除或减少所有潜在的危险因素。下列有关切削机床的防护措施的说法，错误的是（　　）。
A. 对于有单向转动的部件应在明显位置标出转动方向
B. 手工清除废屑，应提供适宜的手用工具，可用嘴吹的方式清除小的碎屑
C. 不能在地面操作的机床，应配置供站立的平台，当坠落高度超过 600 mm 时，应

装防坠落护栏

D. 为了避免绊倒危险，工作平台相邻地板构件之间的最大高度差应不超过 4 cm

E. 工作时产生大量粉尘的机床应设除尘净化装置，使机床附近的粉尘浓度最大值不超过 10 mg/m³

72. 木材加工发生刀具切割伤害概率较大，发生切割伤害的直接原因是（　　）。
   A. 木材缺陷　　　　　　B. 管理制度不完善　　　　　C. 刀具高速运动
   D. 手工送料　　　　　　E. 培训不足

73. 下列有关带锯机操控机构及安全防护装置的说法，正确的是（　　）。
   A. 带锯机必须设急停控制按钮
   B. 锯轮防护罩均应能达到不管上锯轮处于何位置都能罩住锯轮 3/4 以上表面
   C. 上锯轮处于最高位置时，其上端与防护罩内衬表面应有不小于 100 mm 的足够间隙
   D. 锯轮、主运动的带轮均应做强度试验
   E. 在空运转条件下，机床噪声最大声压级不得超过 90 dB（A）

74. 木工平刨刀具主轴转速高，手工送料、工件质地不均匀等因素可构成安全隐患。下列关于木工平刨设计和操作说法正确的是（　　）。
   A. 应有紧急停机装置
   B. 刀具主轴为方截面轴
   C. 刨削时压刀片与刀具刨削点在同一垂直线上
   D. 刨床不带电金属部位应连接保护线
   E. 刨削深度不得超过刨床产品规定的数值

75. 两线电击是不接地状态的人体某两个部位同时触及不同电位的两个导体时由接触电压造成的打击。其危险程度主要取决于（　　）和（　　）。
   A. 接触电压　　　　　　B. 地面状态　　　　　　C. 人体电阻
   D. 鞋袜条件　　　　　　E. 个体差异

76. 漏电保护装置主要用于防止间接接触电击和直接接触电击，用于防止直接接触电击时，只作为基本防护措施的补充保护措施，漏电保护装置也可用于防止漏电火灾以及用于检测一相接地故障。下列必须安装漏电保护装置的场合是（　　）。
   A. 游泳池的电气设备
   B. 医院中可能直接接触人体的医用电气设备
   C. 消防电梯
   D. 安装在水中的供电线路
   E. 使用特低电压供电的电气设备

77. TN 系统的"TN"两个字母表示系统的接地形式及保护方式，下列各解释中与该

系统情况相符合的有（　　）。

A. 前一位字母 T 表示电力系统一点（通常是中性点）直接接地

B. 前一位字母 T 表示电力系统所有带电部分与地绝缘或一点经阻抗接地

C. 后一位字母 N 表示电气装置的外露可导电部分直接接地（与电力系统的任何接地点无关）

D. 后一位字母 N 表示电气装置的外露可导电部分通过保护线与电力系统的中性点联结

E. 后一位字母 N 表示设备外露导电部分经阻抗接地

78. 炉管爆破时，往往能听到爆破声，随之带来水位降低，蒸汽及给水压力下降，负压减小，燃烧不稳定等影响锅炉正常操作的后果。爆管的原因主要是（　　）。

A. 水质不良　　　　　　　　B. 负荷增加过快

C. 吹灰不当造成管壁减薄　　D. 严重缺水

E. 安装中管内落入异物

79. 气瓶安全附件是气瓶的重要组成部分，对气瓶安全使用起着至关重要的作用。下列部件中，属于气瓶安全附件的有（　　）。

A. 易熔塞　　　　　　B. 液位计　　　　　　C. 防震圈

D. 保护罩　　　　　　E. 汽化器

80. 锅炉点火时需防止炉膛爆炸，应严格遵守安全操作规程。下列关于锅炉点火操作过程说法错误的是（　　）。

A. 燃气锅炉点火前应先开动引风机 5～10 min，送风之后投入点燃火炬，最后送入燃料

B. 煤粉锅炉点火前应先开动引风机 5～10 min，送风之后投入点燃火炬

C. 燃油锅炉点火前应先自然通风 10～15 min，送入燃料后投入点燃火炬

D. 燃气锅炉点火前应先自然通风 10～15 min，送入燃料后迅速投入点燃火炬

E. 燃煤粉锅炉一次点火未成功，不需重新通风，直接再加强点火能量

81. 根据《火灾统计管理规定》，下列情况列入火灾统计的是（　　）。

A. 飞机因飞行事故而导致本身的燃烧

B. 易燃易爆化学物品燃烧爆炸引起的火灾

C. 行驶的车辆发生燃烧

D. 破坏性试验中引起非实验体的燃烧

E. 机电设备因内部故障引起其他物件的燃烧

82. 某些可燃气体即使没有空气或氧气参与，也能发生爆炸，这种现象叫作分解爆炸。下列气体中，不能发生分解爆炸的是（　　）。

A. 甲烷　　　　　　　B. 乙烯　　　　　　　C. 氢气

D. 一氧化氮   E. 氰化氢

83. 火灾自动报警系统是实现火灾早期探测和报警的一种消防设施，其根据工程建设的规模、保护对象性质的不同等分为（　　）。

A. 局部报警系统   B. 区域火灾报警系统   C. 集中报警系统
D. 分散控制报警系统   E. 控制中心报警系统

84. 凡确认不能使用的爆炸性物品，必须予以销毁，在销毁之前报当地公安部门，选择合适的地点、时间及销毁方法。下列属于爆炸性物品销毁方法的是（　　）。

A. 填埋法   B. 爆炸法   C. 化学分解法
D. 烧毁法   E. 固化/稳定法

85. 锅炉停炉后，空气中的氧有充分的条件与潮湿的金属接触或者更多地溶解于水，使金属的电化学腐蚀加剧。实践表明，锅炉停炉期的腐蚀往往比运行中的腐蚀更为严重，为此必须进行停炉保养。下列锅炉保养方法中，适用于锅炉停炉保养的是（　　）。

A. 压力保养   B. 湿法保养   C. 干法保养
D. 真空保养   E. 充气保养

安全生产技术基础
模考通关试卷四

一、单项选择题（共70题，每题1分。每题的备选项中，只有1个最符合题意）

1. 土石方施工工程、路面建设与养护、流动式起重装卸作业和各种建筑工程所需的综合性机械化施工工程所必需的机械装备统称为工程机械。下列属于工程机械的是（　　）。

    A. 卷扬机　　　　B. 起重机　　　　C. 挖掘机　　　　D. 拖拉机

2. 皮带传动的危险出现在皮带接头及皮带进入到皮带轮的部位。下列关于皮带传动系统防护措施错误的是（　　）。

    A. 皮带轮中心距在3 m以上，采用金属骨架的防护网进行防护
    B. 皮带宽度在15 cm以上，采用金属骨架的防护网进行防护
    C. 皮带传动机构离地面2 m以下，皮带回转速度在9 m/min以下，未设防护
    D. 皮带传动机构离地面2 m以上，皮带轮中心距在3 m以下，未设防护

3. 本质安全技术措施是指通过适当选择机器的设计特性和暴露人员与机器的交互作用，消除或减少相关的风险，如采用合理的结构形式、使用本质安全的工艺过程和动力源等。下列有关结构型式和工艺过程及动力源说法错误的是（　　）。

    A. 对可能造成"陷入"的管口端进行折边、倒角设计
    B. 加大运动部件的最小距离，使得人体的相应部位可以安全进入
    C. 爆炸环境中的动力源应采用一般电气装置控制操纵机构
    D. 为消除或降低噪声或振动源，选择用焊接工艺代替铆接工艺

4. 保护装置是通过自身的结构功能限制或防止机器的某种危险，消除或减小风险的装置。下列有关保护装置特征说法错误的是（　　）。

    A. 保护装置能在危险事件发生时，停止危险过程
    B. 保护装置有重新启动功能，当保护装置动作第一次停机后，只能重新启动，机器才能开始工作
    C. 光电式、感应式保护装置应具有自检功能
    D. 保护装置的设计应采用"定向失效模式"的部件或系统、考虑关键件的冗余

5. TN 系统分为 TN-S、TN-C-S、TN-C 三种方式。下列有关这三种方式说法错误的是（　　）。

　　A. TN-S 系统是保护零线与中性线完全分开的系统

　　B. TN-C 系统是干线部分的保护零线与中性线完全共用的系统

　　C. TN-S 系统适用于爆炸危险或火灾危险较大或安全要求较低的场所

　　D. TN-C 系统适用于厂内低压配电的场所及非生产性楼房

6. 我国标准规定的工频安全电压等级有 42 V、36 V、24 V、12 V 和 6 V（有效值）。不同的用电环境、不同种类的用电设备应选用不同的安全电压。在有电击危险的环境中所使用的手持照明灯电压不得超过（　　）V。

　　A. 12　　　　　　B. 24　　　　　　C. 36　　　　　　D. 42

7. 制动器和离合器是操纵曲柄连杆机构的关键装置，离合器与制动器工作异常，会导致滑块运动失去控制，引发冲压事故。下列有关制动器和离合器说法正确的是（　　）。

　　A. 在机械压力机上使用带式制动器来停止滑块

　　B. 刚性离合器构造简单，不需要额外动力源，可使滑块停止在行程的任意位置

　　C. 在离合器、制动器控制系统中，须有急停按钮

　　D. 摩擦离合器结合平稳，冲击和噪声小，只能停在上死点

8. 汽水共腾会使蒸汽带水，降低蒸汽品质，造成过热器结垢及水击振动，损坏过热器或影响用汽设备的安全运行。下列关于汽水共腾处置措施正确的是（　　）。

　　A. 停止上水，以减少气泡产生

　　B. 全开连续排污阀，并关闭定期排污阀

　　C. 减弱燃烧力度，降低负荷

　　D. 开大主汽阀，迅速降低压力

9. 按照爆炸反应相的不同，爆炸可分为气相爆炸、液相爆炸和固相爆炸。下列属于液相爆炸的是（　　）。

　　A. 油压机喷出的油雾引起的爆炸

　　B. 熔融的矿渣与水接触引起的蒸汽爆炸

　　C. 喷漆作业引起的爆炸

　　D. 乙醚与空气的混合发生的爆炸

10. 铸造车间的厂房建筑设计应符合专业标准要求。下列有关铸造车间建筑要求说法正确的是（　　）。

　　A. 熔化、浇铸区不得设置任何天窗

　　B. 铸造车间应建在厂区中不释放有害物质的生产建筑物的上风侧

　　C. 厂房宜东西向，铸造车间四周应有一定的绿化带

D. 铸造车间除设计有局部通风装置外，还应利用天窗排风设置屋顶通风器

11. 保障机械设备的本质安全性的最重要阶段是（　　）阶段。
A. 设计
B. 制造
C. 安装
D. 运行

12. 明火是指敞开的火焰、火星和火花等，如生产过程中的加热用火、维修焊接用火及其他火源是导致火灾爆炸最常见的原因。下列关于防明火控制措施说法错误的是（　　）。
A. 明火或加热设备，应布置在可能泄漏易燃气体工艺设备的下风向或侧风向
B. 明火设备应集中于装置的边缘
C. 汽车进入可燃危险化学品仓库时，应在其排气管上安装火花熄灭器
D. 在焊接作业过程中，需对设备进行清洗、吹扫置换、气体分析合格后再动焊

13. 机械安全防护装置中紧急停车开关的形状应区别于一般开关，颜色应为（　　）。
A. 白色
B. 黄色
C. 红色
D. 绿色

14. 电伤是电能转变为热能、化学能、机械能等其他形式的能，对人体造成伤害。电伤多属局部性伤害，在人体表面留有明显伤痕。最危险的电伤是（　　）。
A. 电烙印
B. 电弧烧伤
C. 电流灼伤
D. 皮肤金属化

15. 安全电压既能防止间接接触电击也能防止直接接触电击。以下有关安全电压说法正确的是（　　）。
A. 使用安全电压的电气设备，不必再采取其他的防直接接触电击的措施
B. 安全电压设备的插销座需带有接零或接地插头或插孔
C. 依靠安全电压供电的设备是Ⅲ类设备
D. 提供安全电压的电源的安全隔离变压器，应只在二次侧设短路保护元件

16. 信号的功能是提醒注意、显示运行状态、警告可能发生故障或出现险情先兆，要求人们做出排除或控制险情反应。听觉信号用声音传递信息。表示险情开始的信号是（　　）。
A. 紧急听觉信号
B. 警告听觉信号
C. 紧急撤离听觉信号
D. 听觉信号

17. 可燃物质的爆炸下限越低，其爆炸危险性越大，是因为（　　）。
A. 爆炸极限宽
B. 爆炸上限高
C. 可燃物稍有泄漏就有爆炸危险
D. 少量空气进入容器就有爆炸危险

18. 气体灭火剂具有释放后对保护设备无污染、无损害等优点，其保护对象逐步向各

种不同领域扩充。下列有关气体灭火剂说法正确的是（　　）。

A. 二氧化碳灭火剂能用来扑灭活泼金属火灾

B. 二氧化碳灭火剂能扑救 600 V 以上带电电器初起火灾事故

C. 七氟丙烷灭火剂属于氢氟烃类灭火剂，能破坏臭氧层

D. 混合气体灭火剂在喷放时不会形成浓雾或造成视野不清，且对人体基本无害

19. 生产物料、产品和剩余物料的堆放、布置和间隔距离，都不应妨碍人员工作和造成危害。下列有关物料堆放说法正确的是（　　）。

A. 物料白班存放量为每班加工量的 2.5 倍

B. 大件原材料存放不能超过当班的定额

C. 夜班存放量为加工量的 1.5 倍

D. 堆垛放置的物料，堆垛高度不应低于 1.4 m，且高与底边长之比不应大于 3

20. 预计在正常情况下不会释放，即使释放也仅是偶尔短时释放的释放源为（　　）释放源。

A. 连续级　　　　B. 一级　　　　C. 二级　　　　D. 多级

21. 最常见的产生静电方式是（　　）起电。

A. 破碎　　　　B. 接触—分离　　　　C. 吸附　　　　D. 电荷迁移

22. 危险化学品运输过程中事故多发。不同种类危险化学品对运输工具、运输方法有不同要求。下列有关危险化学品的运输方法中，正确的是（　　）。

A. 用电瓶车运输爆炸品

B. 用翻斗车搬运液化石油气钢瓶

C. 用水泥船运输有毒物品

D. 用汽车槽车运输甲醇

23. 为了避免液体油料灌装时在容器内喷射和溅射，应将注油管延伸至容器（　　）。

A. 上部　　　　B. 中部　　　　C. 下部　　　　D. 底部

24. 高压断路器必须与高压隔离开关串联使用，由断路器接通和分断（　　），由隔离开关隔断（　　）。

A. 电流　电源　　　　　　　B. 电源　电流

C. 电压　电源　　　　　　　D. 电源　电压

25. 烟花爆竹的组成决定了它具有燃烧和爆炸的特性。它的主要特性有能量特征、燃烧特性、力学特性、安全性。下列有关烟花爆竹特性说法正确的是（　　）。

A. 能量特征指的是 1 kg 火药燃烧时释放的热量

B. 能量特征指的是 1 kg 火药燃烧时气体产物所做的功

C. 燃烧特性主要取决于火药的燃烧速率和化学组成

D. 燃烧特性主要取决于火药的燃烧速率和燃烧体积

26. 电火花是电极间的击穿放电,分为工作火花和事故火花。下列属于事故火花的是（　　）。
A. 插销拔出时产生的火花
B. 断路器断开线路时产生的火花
C. 静电放电产生的静电火花
D. 接触器接通线路时产生的火花

27. 气瓶充装单位发生暂停充装等特殊情况,应当向所在（　　）报告。
A. 市级安全监督部门
B. 省级安全监督部门
C. 市级质监部门
D. 省级质监部门

28. 气瓶的储存场所应符合设计规范,库房管理人员应熟悉有关安全管理要求。下列对气瓶储存要求说法错误的是（　　）。
A. 气瓶库房应为单层建筑,屋顶为轻型结构
B. 气瓶遵循先入库先发出原则
C. 可燃、有毒、窒息气瓶库房应有自动报警装置
D. 空瓶、实瓶应分室存放

29. 静电的产生和积累受材质、工艺设备和工艺参数、环境条件的影响。下列有关静电特点说法正确的是（　　）。
A. 静电电压高、电流大、危害大
B. 静电电压高、泄漏慢
C. 电阻率低的材料易起静电
D. 静电电压与几何条件无关

30. 为了正确选用电气设备和电气线路,必须正确划分所在环境危险区域的大小和级别。下列有关危险环境区域说法错误的是（　　）。
A. 爆炸性气体在正常运行时可能出现,能形成爆炸性混合物的区域为0区
B. 爆炸性气体在正常运行时不出现,即使出现也可能是短时间出现的区域为2区
C. 空气中的爆炸性粉尘频繁出现于爆炸环境中的区域为20区
D. 空气中的可燃粉尘云一般不可能出现于爆炸性粉尘环境中的区域,即使出现,持续时间也是短暂的区域为22区

31. 绝缘检测包括是否受潮、表面有无粉尘、纤维,有无裂痕,有无脆裂,弹性是否消失的外观检查和（　　）。
A. 绝缘电阻试验
B. 绝缘电压试验
C. 绝缘电流试验
D. 绝缘试验

32. 当锅炉水位低于水表最低安全水位刻度线时,即形成了锅炉缺水事故。锅炉缺水会造成承压部件的烧损,严重时也会造成爆炸。下列有关锅炉缺水表现正确的是（　　）。
A. 水位表看不到水位,表内发暗
B. 过热蒸汽温度降低
C. 给水流量不正常地小于蒸汽流量
D. 蒸汽品质降低

33. 在线路电压为 10 kV 以上的架空线路附近进行起重工作，起重机具与线路导线之间的最小距离为（　　）m。
   A. 1　　　　　B. 1.5　　　　　C. 2　　　　　D. 4

34. 漏电保护装置在触电防护中使用非常普遍，漏电保护装置主要用于防止直接接触电击和间接接触电击。下列关于漏电保护器动作跳闸说法错误的是（　　）。
   A. 手持工具漏电导致漏电保护器动作跳闸，属于间接接触电击跳闸
   B. 电吹风漏电导致漏电保护器动作跳闸，属于直接接触电击跳闸
   C. 手指触碰配电箱接线柱导致漏电保护器动作跳闸，属于直接接触电击跳闸
   D. 手指误塞入插座导致漏电保护器动作跳闸，属于直接接触电击跳闸

35. 水在锅炉管道内流动，因速度突然发生变化导致压力突然变化，形成压力波在管道内传播的现象叫水击。下列关于预防水击事故的措施，正确的是（　　）。
   A. 快速开闭阀门
   B. 使可分式省煤器的出口水温高于同压力下饱和温度 40 ℃
   C. 暖管前彻底疏水
   D. 上锅筒快速进水，下锅筒慢速进汽

36. 为了防止炉膛爆炸，点火前应开动引风机给锅炉通风（　　）min。
   A. 2~5　　　　B. 3~6　　　　C. 4~8　　　　D. 5~10

37. 压力容器有众多分类方法，可以按压力等级分，按在生产中的作用分，按安装方式分等。按压力等级可把压力容器分为（　　）个压力等级。
   A. 3　　　　　B. 4　　　　　C. 5　　　　　D. 6

38. 压力容器上通常会将安全阀与爆破片装置组合使用以提高安全保护性能。当安全阀与爆破片装置并联组合使用时，下列关于安全阀开启压力说法正确的是（　　）。
   A. 安全阀开启压力大于压力容器的设计压力
   B. 安全阀开启压力低于压力容器的设计压力
   C. 安全阀开启压力等于爆破片装置的标定爆破压力
   D. 安全阀开启压力略高于爆破片装置的标定爆破压力

39. 盛装易燃易爆介质的压力容器发生超压超温情况时，应采取应急措施予以处置。下列措施中错误的是（　　）。
   A. 切断泄漏处相关联的阀门　　　　B. 打开放空管，紧急就地放空
   C. 通过水喷淋冷却降温　　　　　　D. 使用专用堵漏技术和堵漏工具封堵

40. 防爆电气设备的标志应设置在设备外部主体部分的明显地方，且应设置在设备安装之后能看到的位置。防爆电气设备标志是 Ex d Ⅱ BT3 Gb，所表达的含义是（　　）。
   A. 该设备是正压型"d"，保护级别为 Gb，适用于 T3 组的爆炸性气体环境

B. 该设备是正压型"d"，保护级别为 Gb，适用于 T3 组的爆炸性粉尘环境
C. 该设备是隔爆型"d"，保护级别为 Gb，适用于 T3 组的爆炸性气体环境
D. 该设备是隔爆型"d"，保护级别为 Gb，适用于 T3 组的爆炸性粉尘环境

41. 避雷针、避雷线、避雷网和避雷带都可作为接闪器。对于建筑物，接闪器的保护范围按（　　）计算。
    A. 滚球法　　　　B. 折线法　　　　C. 模拟法　　　　D. 观测法

42. 爆炸下限大于 4% 的可燃气体，浓度应小于（　　）。
    A. 0.2%　　　　B. 0.5%　　　　C. 0.8%　　　　D. 1%

43. 下列采取的预防压力管道事故发生的措施，不正确的是（　　）。
    A. 缩短管道的长度可减弱压力管道的液击破坏
    B. 采用较小弯曲半径的弯头，可减弱管道的振动破坏
    C. 腐蚀是长输管线事故的主要原因
    D. 长输埋地管道一般采用防腐层和阴极保护联合进行保护的方式防腐蚀破坏

44. 在室外作业的门式起重机、门座起重机、塔式起重机等需装设（　　），防止遇到强风吹击时，发生倾倒。
    A. 联锁保护装置　　　　　　　　B. 偏斜显示装置
    C. 防风夹轨器　　　　　　　　　D. 风速仪

45. 起重作业应该按指挥信号和操作规程进行。（　　）发出紧急停车信号时，应立即执行。
    A. 只有作业指挥人员　　　　　　B. 只有装卸人员
    C. 只有与起重作业有关人员　　　D. 不论任何人

46. 客运索道应具备一些安全装置。下列有关单线循环固定抱索器客运架空索道说法错误的是（　　）。
    A. 制动液压站应设油压上下限开关，上限泄油，下限补油
    B. 有负力的索道应设超速保护，在运行速度超过额定速度 15% 时，能自动停车
    C. 客运索道不允许夜间运行
    D. 吊具距地大于 15 m 时，应有缓降器救护工具

47. 燃烧现象不是凭空出现的，需要在一定的条件下才会发生。下列条件不属于燃烧的条件的是（　　）。
    A. 可燃物　　　　B. 点火源　　　　C. 氧化剂　　　　D. 链式反应

48. 可燃物质在空气中燃烧的形式一般有 5 种，即扩散燃烧、混合燃烧、蒸发燃烧、分解燃烧和表面燃烧。下列有关可燃物质燃烧形式说法错误的是（　　）。
    A. 奥运火炬的燃料是气态丙烷，其所形成的燃烧是混合燃烧

B. 民用燃气灶点燃时,其所形成的燃烧是扩散燃烧
C. 某化工企业发生氢气泄漏事故,后遇碰撞火花引起的火灾事故是混合燃烧
D. 酒精在持续热源的作用下,发生的燃烧是蒸发燃烧

49. 从防止触电的角度来说,绝缘、屏护和间距是防止(　　)的安全措施。
A. 两线触电电击　　　　　　　B. 间接接触电击
C. 跨步电压电击　　　　　　　D. 直接接触电击

50. 根据《火灾分类》规定,按可燃物的类型和燃烧特性将火灾分为6类。沥青火灾属于(　　)类火灾。
A. A　　　　B. B　　　　C. C　　　　D. D

51. 按照爆炸的能量来源,爆炸可分为物理爆炸、化学爆炸和核爆炸。下列爆炸不属于物理爆炸的是(　　)。
A. 火场里的氢气瓶受到热的作用发生气体膨胀而爆炸
B. 夏天放置在室外无遮阴的氧气钢瓶发生爆炸
C. 因轮胎的橡胶磨损而产生的爆炸
D. 乙醚与空气混合,遇火源而发生的爆炸

52. 剪板机常用的安全防护装置有固定式防护装置、联锁防护装置、光电保护装置等。下列有关剪板机固定式防护装置说法错误的是(　　)。
A. 剪板机工作需从多个侧面接触危险区域,只需在操作人员出入频率最高的侧面安装防护装置
B. 固定式防护装置应焊接在剪板机不动结构上
C. 固定式防护装置不应阻挡看清剪切线
D. 固定式防护装置应不用工具不能打开

53. 木工平刨床常见的伤害是刨刀切割手事故,防止切割的关键是工作台加工区和刨刀轴的安全。下列有关平刨床说法正确的是(　　)。
A. 刀轴使用方形刀轴
B. 刨刀片径向伸出量大于 1.1 mm
C. 刨削时仅打开与工件等宽的相应刀轴部分
D. 组装后的刀轴仅需离心试验,确定稳定性

54. 下列选项不能引起尘肺病的物质是(　　)。
A. 石英晶体　　B. 石棉　　C. 煤粉　　D. 石灰粉

55. 毒性危险化学品一次或短时间内大量进入人体内引起的中毒是急性中毒。下列有关急性中毒的急救,说法正确的是(　　)。
A. 急性中毒发生后,救护人员应立即就地对中毒者实施抢救

B. 急性中毒发生后，救护人员在急救过程中应注意中毒者的保暖
C. 急性中毒发生后，对水溶性毒性危险化学品应用流动清水冲洗，再用干布擦干
D. 如因腐蚀性毒性危险化学品引起的急性中毒，应迅速用 1/5 000 的高锰酸钾溶液洗胃

56. 正常停炉是预先计划性的停炉。停炉中应注意的主要问题是防止降压降温过快，以避免锅炉部件因高温收缩不均匀产生过大的热应力。下列关于停炉操作的说法，正确的是（　　）。

   A. 对燃油、燃气锅炉，炉膛停火后，引风机应停止引风
   B. 对无旁通烟道的可分式省煤器，使省煤器出口水温高于锅筒压力下饱和温度 40 ℃
   C. 在正常停炉的 4 ~ 6 h 内，应紧闭炉门和烟道挡板
   D. 当锅炉降到 90 ℃时，方可全部放水

57. 密闭容器内有氢气、甲烷和乙烷的混合气体，各组分的组成为氢气 60%、甲烷 20%、乙烷 20%，各组分的爆炸下限为氢气 4%、甲烷 5%、乙烷 3%，则混合气的爆炸下限是（　　）。

   A. 2.4%　　　　B. 3.9%　　　　C. 4%　　　　D. 3%

58. 根据《危险化学品安全管理条例》规定，国家对危险化学品经营实行许可制度。未经许可，任何单位和个人都不得经营危险化学品。下列有关危险化学品经营许可程序，正确的是（　　）。

   A. 从事剧毒化学品经营的企业，应向所在地设区的省级人民政府安全生产监督管理部门提出申请
   B. 从事除剧毒化学品、易制爆危险化学品外其他危险化学品经营应当向所在地设区的市级人民政府安全生产监督管理部门提出申请
   C. 有储存设施的从事一般危险化学品经营的单位，应向所在地设区的县级人民政府安全生产监督管理部门提出申请
   D. 从事除剧毒化学品、易制爆危险化学品外其他危险化学品经营应当向所在地设区的县级人民政府安全生产监督管理部门提出申请

59. 下列不属于影响爆炸极限的因素的有（　　）。

   A. 可燃气体的浓度　　　　　　B. 可燃气体的初始温度
   C. 火源能量　　　　　　　　　D. 体系中惰性气体含量

60. 单调作业是指内容单一、节奏较快、高度重复的作业。下列有关单调作业，说法错误的是（　　）。

   A. 单调作业的特点是自我价值实现程度低
   B. 单调作业周期短、频率高，易引起身体局部出现疲劳乃至心理厌烦
   C. 保证工作环境有充足的阳光并不能消除疲劳

D. 通过变换工种来改进单调作业情况

61. 烟花爆竹生产建筑物应满足《建筑设计防火规范》的相关要求，如烟花爆竹生产制作建筑物的结构选型和构造、抗爆间和抗爆屏院以及安全疏散等均应满足相关要求。下列有关安全疏散的设置，不符合要求的是（　　）。

　　A. 1.1 级、1.3 级厂房每一危险性工作间的建筑面积大于 18 m² 时，安全出口的数目不得少于 2 个

　　B. 1.1 级、1.3 级厂房每一危险性工作间的建筑面积只要小于 18 m² 时，可设 1 个安全出口

　　C. 须穿过另一危险性工作间才能到达室外的出口，不应作为本工作间的安全出口

　　D. 安全出口应布置在建筑物室外有安全通道的一侧

62. 为保证爆炸事故发生后产生的冲击波对建筑物等的破坏不超过规定的破坏标准，危险品生产区、总仓库区、销毁场所等区域内建筑物应留有足够的安全距离，称为（　　）。

　　A. 外部安全距离　　　　　　　　　B. 内部安全距离
　　C. 扩散安全距离　　　　　　　　　D. 安全距离

63. 对动力驱动的动臂变幅的起重机，应在臂架俯仰行程的极限位置设臂架低位置和高位置的幅度限位器。最大幅度速度超过 40 m/min 的起重机，在小车向外运行且当起重力矩达到额定值的（　　）时，应自动转换为低于 40 m/min 的低速运行。

　　A. 75%　　　　B. 80%　　　　C. 85%　　　　D. 90%

64. 场内专用机动车辆涉及安全的主要部件有高压胶管、货叉、链条、安全阀、护顶架、转向器、制动器等。下列有关这些部件说法正确的是（　　）。

　　A. 货叉是取物装置，必须符合相关标准，并通过重复加载的动态载荷试验检测

　　B. 起升货叉架的链条，需进行极限拉伸载荷和检验载荷试验

　　C. 起升高度超过 1.8 m，必须设置护顶架，护顶架应进行疲劳载荷试验检测

　　D. 制动器是产生阻止车辆运动或运动趋势的力的部件，只有停车制动器

65. 下列有关防爆泄压装置说法正确的是（　　）。

　　A. 爆破片一般 6～12 个月检验一次

　　B. 防爆门（窗）设置在人不常到的地方，高度最好低于 2 m

　　C. 安全阀安装在压力容器的本体上，液化气体容器上的安全阀应装设在液相部分

　　D. 安全阀用于泄放可燃液体时，宜将排泄管接入事故储槽、污油罐或其他容器

66. 乙烯分解爆炸所需的发火能比乙炔要大，所以低压下未曾发生过事故，但在高压下，发生分解爆炸的频率却增加了。下列关于分解爆炸所需能量与压力关系的说法正确的是（　　）。

　　A. 随压力升高而升高　　　　　　　B. 随压力降低而降低

C. 随压力升高而降低　　　　　　　D. 与压力变化无关

67. 色彩对人们生理和心理均会产生一定程度的影响。色彩的生理作用主要表现在对视觉疲劳的影响。下列关于色彩说法错误的是（　　）。

　　A. 对引起眼睛疲劳而言，蓝、紫色最甚
　　B. 对引起眼睛疲劳而言，红、橙色最甚
　　C. 黄绿色不易引起眼睛疲劳且识读速度快，准确度高
　　D. 红色会使人的各种器官机能兴奋和不稳定

68. 烟花爆竹的组成决定了它具有燃烧和爆炸的特性。烟花爆竹的生产、储存及运输等环节都要满足相关安全要求，防止发生火灾和爆炸事故。下列措施不符合烟花爆竹运输的安全要求的是（　　）。

　　A. 危险品的厂内运输宜采用三轮车运输，禁止用畜力车、翻斗车和各种挂车运输
　　B. 机动车不应直接进入 1.1 级和 1.3 级建筑物内
　　C. 危险品的运输易采用符合安全要求并带有防火罩的汽车运输
　　D. 人工提送危险品时，宜设专用人行道，路面应平整，且不应设有台阶

69. 在用汞作催化剂，以乙炔制乙醛的工艺过程中，存在汞中毒危害。为消除汞危害，改用乙烯氧氯化法制乙醛，不需要用汞做催化剂，这种控制化学品中毒的措施属于（　　）。

　　A. 原料替代　　　B. 变更工艺　　　C. 毒物隔离　　　D. 汞替技术

70. 个人防护用品是指在劳动生产过程中使劳动者免遭或减轻事故和职业危害因素的伤害而提供的个人保护用品，直接对人体起到保护作用；在作业场所毒物危险化学品的浓度很高时，最好选用（　　）。

　　A. 过滤式防毒面具　　　　　　　B. 隔离式防毒面具
　　C. 防毒服　　　　　　　　　　　D. 简易防毒口罩

二、多项选择题（共 15 题，每题 2 分。每题的备选项中，有 2 个或 2 个以上符合题意，至少有 1 个错项。错选，本题不得分；少选，所选的每个选项得 0.5 分）

71. 冲压机常采用光电感应保护装置。以下对于光电感应式安全保护装置的功能，说法正确的是（　　）。

　　A. 光电保护高度应低于滑块最大行程与装模高度调节量之和
　　B. 光电保护幕被遮挡，滑块停止运动，人体撤出后恢复通光，滑块恢复运行
　　C. 滑块回程时光电保护装置不起作用
　　D. 光电保护装置可对自身发生的故障进行检查和控制
　　E. 光电保护装置会受工作环境中的高频电子光源荧光灯的干扰

72. 圆锯机所使用的圆锯片的安全指标包括（　　）。

A. 圆锯片的纵向稳定性　　B. 圆锯片的横向稳定性
C. 锯齿的强度　　　　　　D. 锯齿的刚度
E. 锯齿的韧性

73. 冲压（剪）作业应有完善的安全措施。下列安全措施中，属于冲压（剪）作业的是（　　）。

A. 应用手持式电磁吸盘专用工具代替手工操作
B. 通过改进模具以减少危险面积
C. 安装黄颜色闪烁信号灯
D. 安装拉手式安全装置
E. 安装除尘通风装置

74. 绝缘是用绝缘材料把带电体封闭起来。良好的绝缘是保证电气设备和线路正常运行的必要条件。下列有关电工绝缘材料性能说法正确的是（　　）。

A. 介电常数是表明绝缘极化特征的性能参数，介电常数越大，极化程度越快
B. 绝缘电阻相当于漏电电流遇到的电阻，绝缘物受潮，绝缘电阻降低
C. 绝缘材料的力学性能随时间的推移将会逐渐降低
D. 绝缘材料聚四氟乙烯非亲水性材料
E. 氧指数在 27% 以上的材料是可燃性材料

75. 直接接触电击是触及正常状态下带电的带电体时发生的电击。下列情况属于直接接触电击的是（　　）。

A. 电气设备漏电，身体的某部位碰到设备的金属外壳
B. 电气设备故障，工人持维修工具碰到带电体
C. 检修工人持工具割坏绝缘体碰到导线
D. 电风扇漏电，胳膊碰到风扇的金属防护网导致的触电
E. 起重机碰高压线，挂钩工人遭到电击

76. 指针式兆欧表也称摇表，是用来测量绝缘电阻，以了解电气设备的绝缘情况的装置。下列有关摇表的使用不符合安全要求的是（　　）。

A. 测量新的和大修后的线路或设备应采用较低电压的兆欧表
B. 被测设备必须停电，对较大电容的设备，停电后还须充分放电
C. 测量应在设备停了一段时间，各种参数稳定后再进行
D. 较大电容的线路和设备，测量终了也应放电
E. 指针指到 0 位后，表明被测绝缘电阻已经失效，应立即停止转动摇把，防止烧坏兆欧表

77. 根据建筑物火灾和爆炸危险性、人身伤亡的危险性、政治经济价值把防雷建筑物分为三类：第一类防雷建筑物、第二类防雷建筑物、第三类防雷建筑物。下列属于第二

类防雷建筑物的是（　　）。

A. 有爆炸危险的露天油罐

B. 制造、使用或储存火炸药及其制品的危险建筑物，但电火花不易引起爆炸

C. 国际特级和甲级大型体育馆

D. 省级重点文物保护的建筑物和省级档案馆

E. 具有1区、21区爆炸危险场所的建筑物，且因电火花引起爆炸会造成巨大破坏和人身伤亡的建筑物

78. 检修后的锅炉启动需先检查准备，再按照步骤上水、烘炉煮炉、点火升压、暖管并汽。下列有关锅炉启动操作不符合要求的是（　　）。

A. 上水温度最高不超过70 ℃，水温与筒壁温差应不超过50 ℃

B. 全部上水时间在夏季小于1 h，在冬季小于2 h

C. 冷炉上水至最低安全水位时应停止上水

D. 并汽前应加强燃烧，打开蒸汽管上的所有疏水阀，充分疏水以防水击

E. 并汽应冲洗水位表，并使水位维持在正常水位线以下

79. 起重机在安装、维修和正常起重作业中都可能发生事故，其中，起重作业中发生的事故最多。下列有关起重作业操作不符合要求的是（　　）。

A. 司机在正常操作中不得利用打反车进行制动

B. 两台或多台起重机吊运同一重物时，吊物质量不应超过起重机的总荷载

C. 有主、副两套起升机构的，在采取相应保护措施的情况下，可以同时利用主、副钩工作

D. 露天作业的轨道起重机，当风力大于7级时，应停止作业

E. 起吊危险物时，应小高度、短行程试吊

80. 燃烧有闪燃、着火、自燃等，其对应的参数有闪点、着火点、自燃点。下列有关各种燃烧类型及参数说法错误的是（　　）。

A. 闪燃是一定温度下固体表面能产生足够的可燃蒸气，遇火能产生一闪即灭的燃烧现象

B. 液体和固体可燃物受热分解出来的可燃气体越多，其自燃点就越低

C. 着火是指可燃物与火源接触而燃烧，并且移去火源后能继续保持燃烧，着火点越低，危险性越小

D. 阴燃没有火焰但有可见光，是处于燃烧初期的一种燃烧现象

E. 固体可燃物粉碎得越细，其自燃点越低

81. 可燃固体粉尘呈粉体状态，粒度足够细，飞扬悬浮于空气中，并达到一定浓度，在相对密闭的空间内，遇到足够的点火能量，就能发生粉尘爆炸。下列粉尘中能发生爆炸的是（　　）。

A. 麦糠　　　　　　　　B. 活性炭　　　　　　　　C. 染料

D. 鱼粉　　　　　　　　　E. 石灰

82. 可燃物质的聚集状态不同，其受热后所发生的燃烧过程也不同。下列有关物质燃烧过程说法正确的是（　　）。
   A. 可燃液体的燃烧主要是气相燃烧
   B. 焦炭的燃烧过程是受热熔融后，蒸发成蒸气，再氧化分解着火燃烧
   C. 氢气的燃烧并非本身燃烧而是受热分解的产物燃烧
   D. 液体的燃烧过程是受热蒸发后经氧化分解再着火燃烧
   E. 所有固体的燃烧都会经历氧化分解阶段

83. 防火防爆装置可防止火灾爆炸的发生，阻止火灾爆炸的扩展和减少破坏，下列有关防火防爆装置设置说法正确的是（　　）。
   A. 主动式、被动式隔爆装置对流体介质的阻力小，适用气体中含杂质的输送管道
   B. 单向阀安装在高压与低压系统上的高压系统
   C. 阻火闸门在正常情况下处于关闭状态
   D. 安全阀只有泄压作用
   E. 爆破片爆破压力为设备、容器及系统最高工作压力的1.2倍

84. 毒性危险化学品通过一定途径进入人体，在体内积蓄到一定剂量后，就会表现出慢性中毒症状。毒性危险化学品进入人体的主要途径是（　　）。
   A. 呼吸道　　　　　　　B. 口腔　　　　　　　　C. 消化道
   D. 血液　　　　　　　　E. 皮肤

85. 危险化学品是指具有毒害、腐蚀、爆炸、燃烧、助燃等性质，对人体、设施、环境具有危害的剧毒化学品和其他化学品。易燃物品发生火灾时，需选择合适的灭火剂和合适的方法扑救，以控制火情，减少损失。下列有关化学品火灾扑救，方法正确的是（　　）。
   A. 扑救气体类火灾事故时，应立即采取措施扑灭火焰
   B. 扑救遇湿易燃物品火灾事故时，选择用泡沫或酸碱灭火剂进行扑救
   C. 当铝、镁发生火灾事故时，选择用二氧化碳灭火剂扑救
   D. 扑救毒害品和腐蚀品火灾时，应尽量使用低压水流或雾状水扑救
   E. 扑救爆炸物品火灾时，切忌用沙土覆盖，以免增强爆炸物品的爆炸威力

安全生产技术基础
模考通关试卷五

一、单项选择题（共 70 题，每题 1 分。每题的备选项中，只有 1 个最符合题意）

1. 决定机械产品安全性的关键是设计阶段采用安全措施，还要通过使用阶段采用安全措施来最大限度减小风险。消除或减小相关风险首先应该考虑本质安全设计措施。下列设计不属于本质安全设计的是（　　）。
   A. 机械的零部件避免有锐角、凸出部位
   B. 使用防护装置
   C. 零部件的标准化
   D. 减小运动部件之间的位置

2. 为了防止飞出物打击，高压液体意外喷射或防止人体灼烫、腐蚀伤害等而设置的安全防护装置所发挥的功能是（　　）。
   A. 隔离作用　　　　　　　　　　B. 阻挡作用
   C. 容纳作用　　　　　　　　　　D. 其他作用

3. 皮带传动在皮带进入带轮的部位时最危险，应加防护罩进行防护。防护罩的内壁应涂（　　）。
   A. 红色　　　　B. 黄色　　　　C. 蓝色　　　　D. 绿色

4. 某化工企业储罐发生泄漏，引发火灾爆炸事故。在此次事故中有 2 人死亡、15 人重伤、直接经济损失 500 万元，根据《生产安全事故报告和调查处理条例》规定，此次火灾事故属于（　　）。
   A. 特别重大火灾　　　　　　　　B. 重大火灾
   C. 较大火灾　　　　　　　　　　D. 一般火灾

5. 用于防止人身触电事故的漏电保护装置应优先选用高灵敏度保护装置。高灵敏度保护装置的额定漏电动作电流不应超过（　　）mA。
   A. 150　　　　B. 100　　　　C. 50　　　　D. 30

6. 目前起重机械为防止触电事故的发生，要求采用特低安全电压进行操作，起重机常使用的手持电动工具的安全电压是（　　）。

  A. 50 V 或 36 V　　　　　　　　　　B. 36 V 或 24 V

  C. 24 V 或 12 V　　　　　　　　　　D. 12 V 或 6 V

 7. 省煤器损坏是指由于省煤器管子破裂或省煤器其他零件损坏所造成的事故。下列有关省煤器损坏说法错误的是（　　）。

  A. 省煤器损坏后果是排烟温度下降，烟气阻力增大

  B. 省煤器损坏原因是飞灰磨损严重

  C. 省煤器损坏需立即停炉修理

  D. 省煤器出口烟气温度低于其酸露点，在省煤器出口段烟气侧产生酸性腐蚀

 8. 超压爆炸是小型锅炉常见的爆炸情况，通过对锅炉压力表的监测了解锅炉工作状态及确保锅炉使用安全。锅炉压力容器上的压力表，表盘直径不应小于（　　）mm。

  A. 50　　　　　B. 100　　　　　C. 150　　　　　D. 120

 9. 按可燃物的类型和燃烧特性分，铝镁合金火灾属于（　　）类火灾。

  A. B　　　　　B. C　　　　　C. D　　　　　D. E

 10. 下列有关闪点、自燃点、着火点的说法，正确的是（　　）。

  A. 可燃液体的闪点越低，危险性越小

  B. 着火点越低，危险性越小

  C. 密度越大，闪点越高，自燃点越低

  D. 密度越大，闪点越低，自燃点越高

 11. 喷漆和涂漆中含有苯，而长期接触苯可引起再生障碍性贫血。用甲苯替代喷漆和涂漆中的苯的措施是（　　）。

  A. 原料替代　　　　　　　　　　　B. 变更工艺

  C. 毒物隔离　　　　　　　　　　　D. 保持卫生

 12. 化学品在运输中发生事故的情况较为常见，为加强对危险化学品运输过程的安全管理，我国对危险化学品的运输实行（　　）。

  A. 申报制度　　　　　　　　　　　B. 资质认定制度

  C. 属地管理制度　　　　　　　　　D. 定期检查制度

 13. 产生噪声的车间应在控制噪声发生源的基础上，对厂房的建筑设计采取减轻噪声影响的措施。产生噪声的设备应（　　）布置。

  A. 分开　　　　　B. 分隔　　　　　C. 集中　　　　　D. 有序

 14. 金属切削机床的危险大致存在两类。第一类是机床故障、能量中断、机械零件破损及其他功能紊乱造成的危险；第二类是安全措施错误、安全装置缺陷或定位不当造成的危险。下列金属切削机床作业的危险中，属于第二类危险的是（　　）。

A. 机床意外启动引起的危险　　　　B. 机床失去稳定性造成危险
C. 机床电缆连接错误引起的危险　　D. 机床的限位装置失灵引起的危险

15. 不同种类的电流对人的危险程度不同，但各种电流都有致命的危险。下列电流对人体的危害最大的是（　　）。
A. 直流电　　　　B. 工频电流　　　　C. 高频电流　　　　D. 冲击电流

16. 压力机仅单方面要求操作者在整个作业期间，一直保持高度注意力和准确协调的动作来实现安全是苛刻的，必须首先采取安全技术措施避免危险并减小风险。下列有关安全技术措施说法正确的是（　　）。
A. 危险区开口小于 6 mm 的压力机可不配置安全防护装置
B. 冲模闭合时，从下模座上平面至上模座下平面的最大间距应小于 60 mm
C. 手用操作工具是安全装置的一种，能代替人手伸进危险区
D. 有多个操作点，应在主操作点设紧急停止按钮

17. 在人机系统中，人始终处于核心地位并起主导作用，机器起着安全可靠的保障作用。下列在人机系统中对机器的特性描述错误的是（　　）。
A. 机器能连续进行超精密的重复操作，可靠性较高
B. 机器对处理柔软物体比人优越
C. 机器能非常好地适应环境
D. 机器在寿命期限内的运行成本较人工低

18. 在给定方向上单位立体角内的光通量指的是（　　）。
A. 光强　　　　B. 照度　　　　C. 亮度　　　　D. 流明

19. 机械设备的运动部分是最危险的部位，危险部位包括转动运动、直线运动、转动和直线运动。下列有关直线运动说法正确的是（　　）。
A. 砂带机的砂带应该向操作者接近的方向运动，并且具有止逆装置，靠近操作人员的端部应进行防护
B. 滑枕的端面距离和固定结构的间距应小于 500 mm
C. 当使用配重块时，在不影响机械运转的情况下，对其进行部分防护
D. 带锯机用于材料切割的部分露出，其他部分全部封闭

20. 补充保护措施也称附加预防措施，是指在设计机器时，除了一般通过设计减小风险，采用安全防护措施和提供各种使用信息外，还应另外采取有关安全措施。下列有关补充保护措施说法正确的是（　　）。
A. 急停装置应容易识别、清晰可见，急停器件应为黄色掌揿
B. 急停装置可设置在操作者无危险时不易触及的地方，或可设置在可碎玻璃壳内
C. 急停装置被启动后应保持断开状态，在手动重调前应不可能恢复电路
D. 急停装置应能迅速停止危险运动

21. 人机系统的任何活动实质上是信息及能量的传递和交换，人在人机系统中主要有三种功能。下列不属于人机系统中人所具有的功能的是（　　）功能。
　　A. 传感　　　　　　　　　　B. 信息处理
　　C. 操纵　　　　　　　　　　D. 修复

22. 室颤电流是通过人体引起心室发生纤维性颤动的最小电流，当电流持续时间超过心脏搏动周期时，室颤电流为（　　）mA。
　　A. 1　　　　B. 500　　　　C. 5~10　　　　D. 50

23. 电气设备的绝缘应符合电压等级、环境条件和使用条件的要求。良好的绝缘是保证电气设备和线路正常运行的必要条件。下列有关电工绝缘材料性能说法错误的是（　　）。
　　A. 介电常数是表明绝缘极化特征的性能参数，介电常数越大，极化程度越快
　　B. 绝缘电阻相当于漏电电流遇到的电阻，绝缘物受潮，绝缘电阻降低
　　C. 绝缘材料的力学性能随时间的推移将会逐渐降低
　　D. 绝缘材料玻璃是亲水性材料

24. 固定式屏护装置应用材料应有足够的力学强度和良好的耐燃性能。下列有关遮栏屏护装置的设置，符合要求的是（　　）。
　　A. 遮栏既能防无意识也能防有意识接近带电体
　　B. 户内遮栏的高度应不大于 1.7 m
　　C. 对于低压系统，遮栏与裸导体的距离不应小于 0.7 m
　　D. 网眼遮栏与裸导体之间的距离不宜小于 0.5 m

25. 对于有爆炸性危险的环境要使用与其危险相对应的防爆电气设备。下列关于防爆电气设备分类说法错误的是（　　）。
　　A. Ⅱ类设备适用于煤矿有甲烷爆炸性环境
　　B. Ⅲ类设备适用于爆炸性粉尘环境
　　C. Ma、Ga、Da 级的设备具有很高的保护级别
　　D. Mb、Gb、Db 级的设备具有高的保护级别

26. 工业毒物对人体可形成多种危害。下列有关毒物对人产生危害的说法正确的是（　　）。
　　A. 空间有限的工作场所，空气中氧含量低于 18% 时，就会引起恶心等症状
　　B. 空气中一氧化碳含量达到 0.06% 时，就会导致血液携氧能力严重下降
　　C. 氰化物、硫化物主要是影响机体和氧的结合能力
　　D. 一氧化碳主要影响机体和氧的络合能力

27. 火灾是在空间上和时间上失去控制的燃烧。火灾事故的发展分为初起期、发展期、最盛期、减弱至熄灭期。轰燃发生在（　　）阶段。

A. 初起期 B. 发展期
C. 最盛期 D. 减弱至熄灭期

28. 煤炭、稻谷等可燃物质长期堆积在一起可能发生自燃火灾，其点火源是（   ）。
A. 摩擦生热 B. 化学自热
C. 蓄热自热 D. 绝热压缩

29. 电火花是电极间的击穿放电，大量电火花汇集起来即构成电弧。电火花和电弧是引起火灾的重要原因。电弧的引燃能力很强，通常情况下，电弧的温度最高可达（   ）℃以上。
A. 4 000　　　　B. 6 000　　　　C. 8 000　　　　D. 5 000

30. 烟花爆竹是以烟火药为主要原料，经过工艺制作，引燃后通过燃烧和爆炸，产生光、声、色、形、烟雾等效果，用于观赏，具有易燃易爆危险的物品，在烟花爆竹生产、储存等过程中要采取防火防爆措施。下列关于烟火药生产过程的防火防爆措施，错误的是（   ）。
A. 烟火药还原剂的粉碎应在单独专用工房内进行，每栋工房定员 1 人
B. 原材料称量，每栋工房定员 1 人
C. 含氯酸盐等高感度药物的混合，应有专用工房，并使用专用工具
D. 烟火药调湿，每栋工房定员 1 人

31. 工艺过程中产生的静电可能引起爆炸和火灾，可能给人以电击，还可能妨碍生产，需在生产工艺过程中采取技术和管理措施消除静电的产生，减少因静电带来的危害。下列措施中不能预防静电危险的是（   ）。
A. 降低易燃液体的流速
B. 使用绝缘体材料做易燃物质的输送管道
C. 工作环境增湿
D. 易燃液体在搅拌过程不取样

32. 高度超过（   ）m 的游乐设施在风速大于（   ）m/s 时，必须停止运行。
A. 10，10　　　B. 10，15　　　C. 20，10　　　D. 20，15

33. 安全隔离变压器作为特低电压的电源，其回路配置符合要求的是（   ）。
A. 安全电压回路的带电部分必须与保护接零相连接
B. 安全隔离变压器的二次侧不应装设短路保护元件
C. 安全电压设备的插销座需有接零的插孔
D. 安全电压的配线最好与其他电压等级的配线分开敷设

34. 根据建筑物火灾和爆炸危险性、人身伤亡的危险性、政治经济价值，把防雷建筑物分为（   ）类。

A. 2   B. 3   C. 4   D. 5

35. 锅炉一旦缺水，受压部件得不到正常冷却，金属温度急剧上升甚至被烧红，严重缺水也会爆炸，需及时准确地对缺水情况进行处理，防止事故的发生。下列有关缺水事故的处理，说法正确的是（   ）。

   A. 发现锅炉缺水应立即上水
   B. 未判定缺水程度严禁上水
   C. "叫水"操作适合相对容水量很大的其他锅炉
   D. 通过"叫水"操作，水位表无水位则需立即上水

36. 锅炉点火时需防止炉膛爆炸。锅炉点火应严格遵守安全操作规程。下列关于锅炉点火操作过程的说法，正确的是（   ）。

   A. 燃气锅炉点火前应先开动引风机 5～10 min，送风之后投入点燃火炬，最后投入燃料
   B. 煤粉锅炉点火前应先开动引风机 5～10 min，送入燃料后投入点燃火炬
   C. 燃油锅炉点火前应先自然通风 10～15 min，送入燃料后投入点燃火炬
   D. 燃气锅炉点火前应先自然通风 10～15 min，送入燃料后迅速投入点燃火炬

37. 某压力容器盛装介质为液化气体，设计压力为 1 MPa，容积为 1 000 L。根据《固定式压力容器安全技术监察规程》压力容器分类图（见下页图 1 和图 2）的规定，该压力容器属于（   ）类。

   A. Ⅰ   B. Ⅱ   C. Ⅲ   D. Ⅱ 或 Ⅲ

38. 压力容器必须有符合要求且安装符合安全技术要求的安全附件。下列有关压力容器安全附件装设的说法，正确的是（   ）。

   A. 安全泄放装置应水平装设在与压力容器气相空间相连的管道上
   B. 压力容器与安全泄放装置之间的连接管应长而直
   C. 安全泄放装置与压力容器之间一般不宜装设截止阀门
   D. 对于中度毒性介质的压力容器，应当在安全阀和排出口装设导管就地排放

39. 圆锯机主要的危险一方面是高速运转的锯片带来的切割伤害，另一方面是木材反弹抛射打击伤害。圆锯机须采取安全技术措施防切割和木材反弹抛射危险的伤害。下列有关圆锯机的安全防护装置的说法，正确的是（   ）。

   A. 安全防护罩应采用全封闭式结构，要便于锯片的更换和锯机的调整维修
   B. 分料刀的圆弧半径应小于圆锯片半径
   C. 分料刀顶部应不低于锯片圆周上的最高点
   D. 分料刀与锯片最靠近点与锯片距离须超过 3 mm

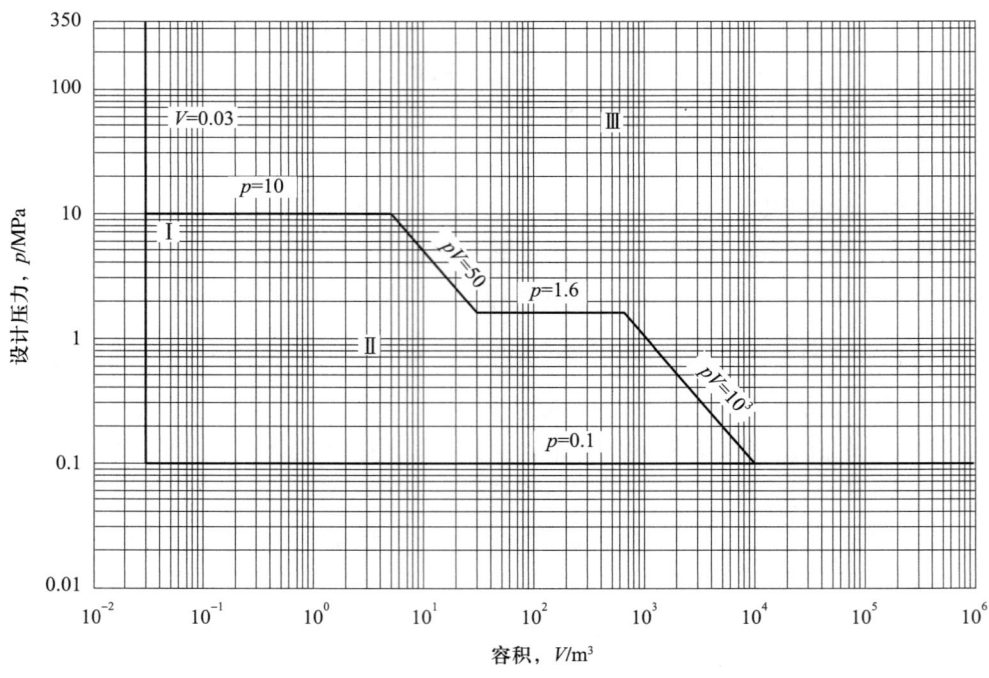

图1 压力容器分类图——第一组介质

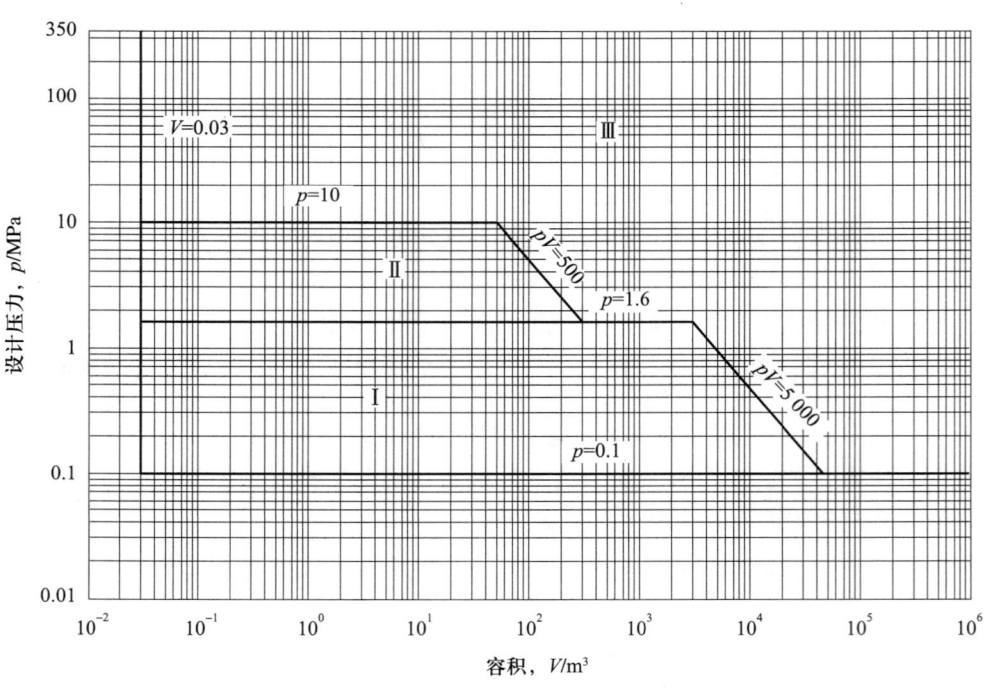

图2 压力容器分类图——第二组介质

40. 浇注作业包括烘包、浇注和冷却三个工序，浇注时稍有不慎，就可能被熔融金属烫伤。下列关于浇注作业的安全措施，说法错误的是（　　）。
   A. 浇注前检查浇包、升降机构、自锁机构、台架是否完好
   B. 所有与铁水接触的工具使用前烘干
   C. 浇包盛铁水不得超过容积的 80%
   D. 现场有人统一指挥

41. 做好压力容器的维护保养工作，可以使容器经常保持完好状态，提高工作效率，延长容器使用寿命。下列关于压力容器维护保养的做法，正确的是（　　）。
   A. 防腐层局部损坏，可以继续使用压力容器
   B. 压力容器的连接紧固件损坏时，压力容器应立即停止运行
   C. 对于临时停用的压力容器，可不清除内部的存储介质
   D. 压力容器上的安全装置和计量仪表，不可进行调整校正

42. 瓶帽是装在气瓶顶部、阀门之外的帽罩式安全附件，是气瓶保护帽的简称。保护罩是为保护瓶帽、瓶阀或易熔塞而设置的敞口罩式零件。下列有关瓶帽和保护罩说法正确的是（　　）。
   A. 在瓶帽上应开不对称的泄气孔
   B. 公称容积大于 10 L 的焊接气瓶应当配有不可拆卸的保护罩
   C. 保护罩是保护瓶帽的，不可用作提升零件
   D. 用灰口铸铁铸造瓶帽

43. 采用电解法制取氢气、氧气的充装单位，当氢气中含氧或者氧气中含氢超过（　　）时，禁止装瓶。
   A. 0.5%　　　　B. 0.2%　　　　C. 1%　　　　D. 0.8%

44. 下列有关压力管道的安全附件及保护装置的说法，正确的是（　　）。
   A. 中高压管道使用的压力表精度应当不低于 2.5 级
   B. 安装在单向供气的管道上的放散管应安装在阀门之后
   C. 为排除燃气管道中的冷凝水，需至少每隔 500 m 设凝水缸
   D. 阻火器可安装在靠近加热设备的部位

45. 司索工主要从事地面工作，如准备吊具、捆绑挂钩、摘钩卸载等，多数情况还担任指挥任务。司索工的工作质量与整个搬运作业安全关系极大。下列有关司索工行为符合要求的是（　　）。
   A. 如果是目测估算吊物的质量，则需增大 20% 来选择吊具
   B. 形状或尺寸不同的物品不得混吊，防止坠落伤人
   C. 表面光滑、易滑的工件可不加衬垫物
   D. 可允许利用起重机抽索，但不允许抖绳摘索

46. 叉车叉装物件时，当物件质量不明时，应将该物件叉起离地（　　）mm 后检查机械的稳定性，确认无超载现象后，方可运送。

A. 50　　　　　　B. 100　　　　　　C. 150　　　　　　D. 200

47. 常见的高压开关有断路器、负荷开关、隔离开关等。下列有关隔离开关的说法，不符合安全要求的是（　　）。

A. 隔离开关不能用来接通和分断负荷电流

B. 切断电路时，须先拉开断路器，再拉开隔离开关

C. 接通电路时，须先合隔离开关，再合断路器

D. 隔离开关能切断短路电流

48. 客运索道事故具有大型化、群体化、社会影响大等特点，所以要注意客运索道各环节的安全措施，防止事故发生。一旦发生事故能根据应急救援预案及时快速做出反应。下列关于客运索道应急救援说法正确的是（　　）。

A. 自身的应急救援体系要与社会应急救援体系相衔接，成为整个社会应急救援大系统中的子系统

B. 客运索道运营单位应当有独立的救援队伍，即使是相邻客运索道运营单位也不可共同组建救援队伍

C. 应急救援预案必须定期或不定期进行演练，至少每两年进行一次营救演练

D. 救护设备平时不用时应分类保存，以备需要时方便取用

49. 瓶阀是装在气瓶瓶口上的，用于控制气体进入或排出气瓶的组合装置。瓶阀主要由阀体、阀杆、阀芯、密封圈、锁紧螺母等零部件组成。下列关于气瓶瓶阀要求说法错误的是（　　）。

A. 盛装可燃气体瓶阀的出气螺纹为右旋

B. 工业用非重复充装焊接气瓶瓶阀与瓶体采用焊接为连接方式

C. 与乙炔接触的瓶阀材料，用含铜量小于 65% 的铜合金

D. 盛装易燃气体的气瓶瓶阀的手轮，选用阻燃材料制造

50. 可燃物质的聚集状态不同，其受热后所发生的燃烧过程也不同。下列有关物质燃烧过程说法正确的是（　　）。

A. 可燃液体的燃烧主要是液相燃烧

B. 焦炭的燃烧过程是受热熔融后，蒸发成蒸气，经氧化分解着火燃烧

C. 可燃气体氢气的燃烧并非本身燃烧而是受热分解的产物燃烧

D. 液体的燃烧过程是受热蒸发后经氧化分解着火燃烧

51. 通风是控制作业场所中有害气体、蒸气或粉尘最有效的措施之一。下列有关通风分类说法正确的是（　　）。

A. 局部通风和全面通风　　　　　　B. 局部排风和全面排风

C. 局部排风和全面通风　　　　　　D. 局部通风和全面排风

52. 固体废弃物主要是指在人类生活、生产活动中，一些被丢弃的失去原有利用价值或是不具备使用价值的固态、半固态以及置于容器中的液态、气态物品。固体废弃物可造成土壤污染、水体污染、大气污染等危害，需采取措施使其无害。下列有关固体废弃物处置说法正确的是（　　）。
   A. 通过溶解把固体废弃物变成高度溶解性物质来消除危害
   B. 把固体废弃物变成高度不溶性物质来消除危害
   C. 颗粒很小的固体废弃物可直接填埋
   D. 工业固体废弃物可以直接进入填埋场进行填埋

53. 气体泄漏后遇着火源已形成稳定燃烧时，其发生爆炸或再次爆炸的危险性与可燃气体泄漏未燃时相比要（　　）。
   A. 小得多　　　B. 大得多　　　C. 同样　　　D. 有时大有时小

54. 按照爆炸反应相的不同，爆炸可分为气相爆炸、液相爆炸和固相爆炸。下列爆炸属于气相爆炸的是（　　）。
   A. 飞扬悬浮于空气中的镁粉引起的爆炸
   B. 液氧和煤粉等混合引起的爆炸
   C. 导线因电流过载而过热，金属迅速气化引起的爆炸
   D. 熔融的矿渣与水接触引起的蒸汽爆炸

55. 根据《工业企业设计卫生标准》规定，寒冷环境下作业，一定的体力劳动强度需要对应环境的温度要求。Ⅰ级体力劳动强度对应的环境温度是（　　）℃。
   A. 12　　　B. 14　　　C. 16　　　D. 18

56. 疲劳分为肌肉疲劳和精神疲劳两种，疲劳产生的主要原因是工作条件因素和作业者本身的因素。下列因素中不属于作业者本身原因引起疲劳的是（　　）。
   A. 操作技巧　　　B. 作业强度　　　C. 熟练程度　　　D. 生活条件

57. 为了提升压力容器的安全性，压力容器上通常会将安全阀与爆破片装置组合。当安全阀的进口和容器之间串联安装爆破片时，下列说法正确的是（　　）。
   A. 容器内的介质应是洁净的，不含有胶着物质或阻塞物质
   B. 爆破片的泄放面积应小于安全阀的进口面积
   C. 爆破片的泄放面积大于安全阀的进口面积
   D. 安全阀与爆破片之间不得装设其他装置，以免影响安全阀的开启

58. 爆炸极限不是一个物理常数，它随条件的变化而变化。下列有关易燃易爆混合气的爆炸极限的影响因素的说法，正确的是（　　）。
   A. 初始温度的增加会使爆炸下限升高，爆炸上限也升高，危险性增大

B. 初始压力降低到一定值时，爆炸极限范围为零
C. 惰性气体含量的增加，对爆炸下限有较大的影响，爆炸极限范围缩小
D. 管径越细，容器材料的传热性越好，爆炸极限范围扩大

59. 容器内高压气体迅速膨胀并以高速释放内在能量的是压力容器爆炸中的（　　）。
A. 物理爆炸　　　　　　　　　B. 化学爆炸
C. 膨胀爆炸　　　　　　　　　D. 能量爆炸

60. 臂架类型起重机在回转作业过程中，为防止臂架触碰障碍物造成臂架损坏，应装设（　　）限制器。
A. 力矩　　　　　　　　　　　B. 起重量
C. 极限力矩　　　　　　　　　D. 行程

61. 防间接接触电击的措施中有保护接地、保护接零、安全电压等。保护接零的原理是设备某相带电体碰连设备外壳时，通过设备外壳形成该相对保护零线的单相短路。保护接零是（　　）。
A. IT 系统　　　　　　　　　 B. TN 系统
C. TT 系统　　　　　　　　　 D. 三相四线制

62. 对爆炸性粉尘环境，如在正常运行中，可燃性粉尘云连续出现或经常出现，其数量足以形成可燃性粉尘与空气混合物，此类爆炸性环境应确定为（　　）区。
A. 0　　　　B. 1　　　　C. 20　　　　D. 21

63. 烟花爆竹的组成决定了它具有燃烧和爆炸的特性。生产烟花爆竹建筑物应满足相关安全要求。下列有关烟花爆竹建筑物安全要求说法正确的是（　　）。
A. 1.1 级厂房不得附设更衣室
B. 1.3 级厂房只可附设更衣室
C. 生活辅助用室应为单层建筑，其门、窗宜面向相邻厂房危险工作间的泄爆面
D. 有易燃、易爆粉尘的厂房，应采用外形平整、不易积尘的结构构件和构造

64. 泡沫灭火系统指空气机械泡沫系统。按发泡倍数泡沫系统可分为低倍数泡沫灭火系统、中倍数泡沫灭火系统和高倍数泡沫灭火系统。下列发泡倍数中属于中倍数泡沫灭火系统的是（　　）倍。
A. 10～100　　B. 11～100　　C. 20～200　　D. 21～200

65. 爆炸按能量来源分为物理爆炸、化学爆炸和核爆炸，炸药爆炸是一种化学过程。炸药爆炸与一般化学反应过程相比，具有三大特征。下列不属于炸药爆炸特征的是（　　）。
A. 反应过程的放热性　　　　　B. 反应过程的高速性
C. 反应过程的密闭性　　　　　D. 反应生成物必定含有大量的气态物质

66. 民用爆炸物品是广泛用于矿山、开山辟路、水利工程、地质探矿和爆炸加工等许多工业领域的重要消耗材料。下列属于专用民用爆物器材的是（　　）。
   A. 水胶炸药　　　　　　　　B. 磁电雷管
   C. 乳化炸药　　　　　　　　D. 射孔弹

67. 爆炸造成的后果大多非常严重，以下爆炸控制措施中不正确的是（　　）。
   A. 采用烟道气进行惰性气体保护时，应经冷却，并除去氧及残余的可燃组分
   B. 通过通风使可燃气体、蒸气或粉尘浓度在其爆炸下限的 1/5 以下
   C. 爆炸危险性大的可燃气体以及危险设备和系统，在连接处应尽量采用法兰连接
   D. 当设备内部充满易爆物质时，要采用正压操作

68. 危险化学品安全标签是用文字、图形符号和编码的组合形式表示化学品所具有的危险性和安全注意事项，它可粘贴、挂拴或喷印在化学品的外包装或容器上。下列有关安全标签的说法，错误的是（　　）。
   A. 化学品混合物中应标出组分个数不能超过 5 个
   B. 信号词主要有"危险""警告"
   C. 国外进口化学品安全标签上应至少有一家中国境内的 12 h 事故应急咨询电话
   D. 对于小于或等于 100 mL 的化学品小包装，安全标签要素可以简化

69. 扑救遇湿易燃物品火灾，禁止用水、酸碱等湿性灭火剂。对于钠、镁等金属火灾，应选（　　）灭火剂。
   A. 泡沫　　　B. 二氧化碳　　　C. 干粉　　　D. 卤代烷

70. 危险化学品泄漏事故救援和抢修中，使用呼吸防护用品可防止有害物质由呼吸道侵入人体，依据危险化学品的物质特性，可选用的呼吸道防毒面具分为（　　）。
   A. 稀释式、隔离式　　　　　　B. 过滤式、隔离式
   C. 过滤式、稀释式　　　　　　D. 降解式、隔离式

二、多项选择题（共 15 题，每题 2 分。每题的备选项中，有 2 个或 2 个以上符合题意，至少有 1 个错项。错选，本题不得分；少选，所选的每个选项得 0.5 分）

71. 下列有关安全防护装置的说法，错误的是（　　）。
   A. 安全防护装置应有足够的强度和刚度，坚固耐用
   B. 安全防护装置应避免有尖棱利角结构
   C. 安全防护装置要易于拆卸，以便对机械设备维修维护
   D. 为了增强机械设备的操作安全性可装设给生产操作带来不便的安全防护装置
   E. 安全防护装置不应出现漏保护区

72. 尘肺一般是很难在早期发现肺部变化的。当 X 射线检查发现这些变化时，病情已经十分严重了。能引起尘肺病的物质是（　　）。

A. 石英晶体 B. 石棉 C. 煤粉
D. 石灰粉 E. 铍

73. 砂轮机借助砂轮的切削作用，除去工件表面的多余层，使工件结构尺寸和表面质量达到预定要求。下列有关砂轮机安全要求说法正确的是（　　）。
   A. 一般用途的砂轮卡盘直径不得小于砂轮直径的 1/3
   B. 砂轮卡盘外侧与砂轮防护罩开口边缘之间的距离大于 15 mm
   C. 台式、落地砂轮机在运行条件下，噪声声压级不得超过 80 dB（A）
   D. 干式磨削砂轮机应设置吸尘装置，带除尘装置的砂轮机的粉尘浓度应不超过 10 mg/m³
   E. 砂轮机的砂轮可正反旋转

74. 下列常见职业体力劳动强度分级说法正确的是（　　）。
   A. 用脚踏开关进行控制机械是轻劳动
   B. 上臂用力为主的装配工作是轻劳动
   C. 用臂和躯干的工作如粉刷是重劳动
   D. 臂和躯干负荷工作如割草是重劳动
   E. 手和手臂持续动作如锯木头是中等劳动

75. 高压断路器有强有力的灭弧装置，既能在正常情况下接通和分断负荷电流，又能借助继电保护装置在故障情况下切断（　　）。
   A. 空载电流 B. 额定电流 C. 欠载电流
   D. 过载电流 E. 短路电流

76. 释放源是划分爆炸危险区域的基础。下列关于释放源和爆炸危险区域说法正确的是（　　）。
   A. 正常情况下不会释放，即使释放也仅是偶尔短时释放的释放源为一级释放源
   B. 当爆炸下限越低则爆炸危险区域越小
   C. 通风良好，应降低爆炸危险区域等级
   D. 在障碍物或凹坑处，应局部提高爆炸危险区域等级
   E. 利用墙限制比空气轻的爆炸性气体混合物的扩散，可缩小爆炸危险区域范围

77. 电流的热效应、化学效应、机械效应对人体的伤害有电烧伤、电烙印、皮肤金属化等多种。下列关于电流伤害说法正确的是（　　）。
   A. 不到 10 A 的电流也可能造成灼伤
   B. 电弧烧伤可能发生在低压系统中，也可发生在高压系统中
   C. 短路时开启式熔断器熔断，炽热的金属微粒飞溅出来不至于造成灼伤
   D. 电光性眼炎表现为角膜炎、结膜炎
   E. 电流作用于人体使肌肉非自主地剧烈收缩可能产生伤害

78. 锅炉蒸发表面（水面）汽水共同升起，产生大量泡沫并上下波动翻腾的现象叫汽水共腾。下列关于锅炉运行异常状况中，可导致汽水共腾的是（　　）。
   A. 蒸汽管道内发生水击　　　　　　B. 负荷增加和压力降低过快
   C. 锅水含盐量过低　　　　　　　　D. 过热蒸汽温度急剧下降
   E. 水位过高

79. 锅炉正常停炉应注意的主要问题是防止降压、降温过快，以避免锅炉部件因降温收缩不均匀而产生过大的热应力。下列关于锅炉停炉操作说法错误的是（　　）。
   A. 先减少引风，再停燃料供应，随之停止送风
   B. 逐渐降低锅炉负荷，相应地减少锅炉上水
   C. 对于燃气锅炉，炉膛停火后，立即关闭引风机
   D. 打开省煤器旁通烟道，关闭省煤器烟道挡板
   E. 为保护过热器，可打开过热器出口集箱和疏水阀适当放气

80. 运输气瓶应当严格遵守国家有关危险品运输的规定和要求。下列针对气瓶搬运、运输安全的要求，正确的是（　　）。
   A. 严禁用自卸汽车运输气瓶
   B. 不得使用电磁起重机吊运气瓶
   C. 散装直立气瓶高出栏杠部分不应大于气瓶高度的 1/4
   D. 吊运时禁止将气瓶保护罩作为吊点
   E. 强氧化性气体不能和油脂同车运输

81. 锅炉的分类方式多样，按照载热介质，锅炉可分为（　　）。
   A. 燃煤锅炉　　　　　　　　　　　B. 有机热载体锅炉
   C. 燃油锅炉　　　　　　　　　　　D. 热水锅炉
   E. 蒸汽锅炉

82. 可燃物质在空气中燃烧的形式一般有 5 种，即扩散燃烧、混合燃烧、蒸发燃烧、分解燃烧和表面燃烧。下列情况属于扩散燃烧的是（　　）。
   A. 奥运火炬的燃烧
   B. 苯蒸气从管道泄漏与空气混合，浓度达到爆炸极限范围内遇到火源发生的稳定燃烧
   C. 某化工企业发生氢气泄漏事故后遇碰撞火花引起的火灾事故
   D. 酒精在火源的作用下，蒸发成蒸气发生氧化分解而进行的燃烧
   E. 某化工厂的储罐泄漏后被静电点燃引起的火灾爆炸

83. 下列关于烟花爆竹产品在生产过程中的防火防爆措施，说法错误的是（　　）。
   A. 手工直接接触烟火药的工序不应使用木、竹、铁器等工具
   B. 当筒体变形、筒体内壁不洁净或效果件变形时，修复处理后使用

C. 各工序应分别在单独专用工房进行

D. 含有较大颗粒的铝、钛、铁粉的烟火药，应筑压

E. 结鞭爆竹分割工具应锋利，宜用单刃刀片

84. 灭火剂是能够有效地破坏燃烧条件，中止燃烧的物质。常用的灭火剂有水和水系灭火剂、气体灭火剂、泡沫灭火剂、干粉灭火剂等。其中水不能扑救的火灾是（　　）。

A. 密度大于水的易燃液体火灾　　　B. 使用碳化钙的工艺火灾

C. 切断电源的电气火灾　　　　　　D. 高温状态下的化工设备火灾

E. 由盐酸引起的火灾

85. 某些可燃气体，即使没有空气或氧气参与，也能发生爆炸，这种现象叫作分解爆炸。下列气体中，不能发生分解爆炸的是（　　）。

A. 甲烷　　　　　　　B. 联氨　　　　　　　C. 氢气

D. 一氧化氮　　　　　E. 氰化氢

安全生产技术基础
模考通关试卷六

一、单项选择题（共70题，每题1分。每题的备选项中，只有1个最符合题意）

1. 检修人员接近故障部位进行检查、修理、更换零件等维修作业时有足够的检修活动空间是考虑了机械设备维修的（   ）。
   A. 维修性　　　　　　　　　B. 互换性
   C. 可达性　　　　　　　　　D. 可靠性

2. 安全防护装置是采用壳、罩、屏、门、盖、栅栏等结构和封闭式装置，用于提供保护的物理屏障。下列不属于安全防护装置的功能的是（   ）。
   A. 隔离作用　　　　　　　　B. 吸收作用
   C. 阻挡作用　　　　　　　　D. 容纳作用

3. 电流途径最危险的是（   ）。
   A. 右手到后背　　　　　　　B. 右手到前胸
   C. 左手到后背　　　　　　　D. 左手到前胸

4. 电火花是电极间的击穿放电，电火花分为工作火花和事故火花。下列不属于工作火花的是（   ）。
   A. 插销插入插座时产生的火花
   B. 接通接触器时产生的火花
   C. 电路接地时产生的火花
   D. 直流电动机的电刷与换向器的互动接触处产生的火花

5. 某电气设备的外壳防护等级标志是IPR1XM，其所表达的含义是（   ）。
   A. 对固体异物进入内部以及对人体触及内部带电部分或运动部分没有专门防护
   B. 对水进入内部没有专门防护
   C. 能防护大于50 mm的固体异物进入内部
   D. 能防垂直的滴水进入内部

6. 锅炉在运行中受高温、压力和腐蚀等的影响，容易造成事故，一旦发生事故应及时处理。下列有关发生锅炉重大事故时的做法，错误的是（　　）。
   A. 发生重大事故时启动应急预案，保护现场并及时报告
   B. 发生锅炉重大事故时，要停止供给燃料和送风，减弱引风
   C. 及时向炉膛浇水灭火
   D. 打开炉门、灰门、烟道闸门等，以冷却炉子

7. 锅炉缺水时，应先判断缺水程度再酌情予以不同的处理。对相对容水量小的电站锅炉或其他锅炉，以及最高火界在水连管以上的锅壳锅炉，一旦发现缺水，应（　　）。
   A. 立即给锅炉上水　　　　　　　B. 打开水位表的放水旋塞
   C. 立即停炉　　　　　　　　　　D. 关闭给水阀

8. 《火灾分类》按物质的燃烧特性将火灾分为（　　）类。
   A. 4　　　　B. 5　　　　C. 6　　　　D. 7

9. 可燃气体爆炸一般需要可燃气体、空气或氧气、点火源三个条件。但某些可燃气体，即使没有空气或氧气参与，也能发生爆炸，这种现象叫作分解爆炸。下列各组气体均可以发生分解爆炸的是（　　）。
   A. 臭氧、环氧乙烷、甲烷　　　　B. 臭氧、环氧乙烷、氰化氢
   C. 臭氧、甲烷、四氟乙烯　　　　D. 环氧乙烷、甲烷、氰化氢

10. 下列有关安全标志说法正确的是（　　）。
    A. 标志牌应设置在醒目地方和明亮环境中，宜设在门、窗等物体上
    B. 不可多个标志一起设置，防止标志太多，造成混乱
    C. 标志牌前不得放置妨碍识读的障碍物
    D. 标志在整个机械寿命内应保持连接牢固，字迹清楚，至少每个月检查一次

11. 生产场所是机械设备和各种物料集中的场所，又是人员进行作业活动的地点，多种形式的危险并存。机械制造生产场所应合理布局，下列有关机械制造生产场所平面布置说法错误的是（　　）。
    A. 多层厂房应将噪声较大及有振动工部布置在厂房的顶层
    B. 多层厂房应将工艺生产过程中排出有粉尘、毒气的工部布置在顶层
    C. 危害相同的生产工序应集中布置
    D. 联合厂房应将散发烟尘、高温或排出有害介质的车间布置在靠外墙处

12. 接地装置是接地体和接地线的总称。下列有关接地装置说法错误的是（　　）。
    A. 接地体上端离地面深度不应小于 0.6 m，且应在冰冻层以下
    B. 接地体离建筑物墙基之间的地下水平距离不得小于 3 m
    C. 接地体的引出导体应引出地面 0.3 m 以上
    D. 接地装置地下部分的连接应采用焊接

13. 通风分局部排风和全面通风两种。车间实行通风的目的是（　　）。
   A. 控制可燃物　　　　　　　　B. 控制助燃物
   C. 控制点火源　　　　　　　　D. 降低温度

14. 《危险化学品安全管理条例》规定，国家对危险化学品经营实行许可制度。未经许可，任何单位和个人不得经营危险化学品。下列有关危险化学品经营许可程序，错误的是（　　）。
   A. 从事剧毒化学品经营的企业，应向所在地设区的市级人民政府安全生产监督管理部门提出申请
   B. 从事除剧毒化学品、易制爆危险化学品外其他危险化学品经营应当向所在地设区的县级人民政府安全生产监督管理部门提出申请，有储存设施的向所在地设区的市级人民政府安全生产监督管理部门提出申请
   C. 设区的市级人民政府或县级人民政府安全生产监督管理部门依法对申请人进行审查，并对申请人的经营场所、储存设施进行现场核查，自收到证明材料之日起45日内做出批准或者不予批准的决定
   D. 设区的市级人民政府或县级人民政府安全生产监督管理部门应当将其颁发危险化学品经营许可证的情况向同级环境保护主管部门和公安机关通报

15. 采光照明设计应考虑影响视觉功效的人类功效学参数，必须满足对工作环境的要求，具备使工作人员能看清周围路径和发现险情的视觉安全。下列有关采光照明说法正确的是（　　）。
   A. 优先利用自然光，利用直射光对工作区域进行照明
   B. 机床朝向应考虑采光的方向性，宜把窗口作为视觉背景，增强采光
   C. 同一场所内即使区域不同也须采用相同照度，防止产生眩光
   D. 工作场所通常设置一般照明，即照亮整个场所的均匀照明

16. 砂轮防护罩一般由圆周构件和两侧面构件组成，防护罩留有一定形状的开口，下列有关防护罩的安全要求说法错误的是（　　）。
   A. 砂轮防护罩的总开度应不大于90°，水平面以上开口70°
   B. 防护罩上方可调护板与砂轮圆周表面间隙应可调整至6 mm以下
   C. 托架与砂轮圆周表面间隙应小于3 mm
   D. 随时调节工件托架以补偿砂轮的磨损，使工件托架和砂轮间的距离不大于2 mm

17. 压力机是危险性较大的机械，须从安全技术措施上，在压力机设计、制造和使用等环节全面加强控制，最大限度避免危险并减少风险。下列部件不属于安全功能部件的是（　　）。
   A. 离合器　　　　　　　　　　B. 制动器
   C. 紧急制动装置　　　　　　　D. 传动皮带

18. 压力机的安全防护装置有固定式封闭防护装置、光电保护装置、机械式安全装置等。下列安全装置不属于机械式安全装置的是（　　）安全装置。

　A. 拉手式　　　　B. 推手式　　　　C. 拨手式　　　　D. 双手操作式

19. 机械伤害是木工机械作业的常见事故。下列关于造成机械伤害的说法，错误的是（　　）。

　A. 操作人员用手推压木料送进时，刀刃割伤手臂

　B. 刨刀刀刃过低，切削量太小，被加工木料弹起伤人

　C. 加工质地均匀的软质旧木料时，刀具飞出伤人

　D. 刀轴与电源间的联结装置失效，更换刀具时触电伤人

20. 木工机械刀轴转速高、噪声大，容易发生事故。下列危险有害因素中，属于木工机械加工过程危险有害因素的是（　　）。

　A. 高处坠落　　　B. 热辐射　　　　C. 化学危害　　　D. 电离辐射

21. 剪板机用于各种板材的裁剪。下列关于剪板机操作与防护的要求，说法正确的是（　　）。

　A. 剪板机应有单次循环模式

　B. 必须设置紧急停止按钮，并且必须设置在前端

　C. 完成工作需从多个侧面接触危险区域的，则需在剪板机主侧面装固定式防护装置

　D. 采用光电保护装置时，每个检测区应安装多个复位装置，以便在复位操作

22. 圆锯机是锯片高速旋转来锯切木料，锯片的切割伤害、木材的反弹抛射打击伤害是主要危险。下列不符合圆锯机防反弹抛射打击伤害危险的措施是（　　）。

　A. 手动进料圆锯机装分料刀　　　　B. 自动进料圆锯机装止逆器

　C. 圆锯机装设防反弹防护装置　　　D. 将工作台或工作台唇板上开槽

23. 铸造作业在型砂、芯砂运输、加工过程中，打箱、落砂及铸件清理中，都会使作业区产生大量的粉尘，易引起职业病或呼吸道疾病，需采取措施进行控制处理。下列有关除尘安全技术措施的做法中符合要求的是（　　）。

　A. 冲天炉（化铁）宜用高效旋风除尘器除尘

　B. 电弧炉宜用干式高效除尘器除尘

　C. 颚式破碎机上部直接给料，落差小于1 m时，可只做密闭罩而不排风

　D. 球磨机的旋转滚筒应设在封闭罩内

24. 铸造作业存在火灾、爆炸、灼烫、机械伤害、高处坠落、尘毒危害、噪声振动、高温和热辐射等多种危险有害因素。为了保障铸造作业的安全，应从工艺、操作等方面全面考虑。下列关于铸造作业安全要求说法正确的是（　　）。

　A. 冲天炉熔炼应加萤石以减少污染

　B. 混砂作业宜采用爬式翻斗加料机

C. 造型、制芯工段在集中采暖地区应布置在非采暖季节最小频率风向的下风侧
D. 造型、落砂、清砂、打磨、切割、焊补等工序不宜固定作业工位

25. 下列危险化学品特性中会造成食道灼伤的是（　　）。
A. 燃烧性　　　　B. 放射性　　　　C. 腐蚀性　　　　D. 刺激性

26. 基于传统安全人机工程学理论，下列关于人与机器比较说法错误的是（　　）。
A. 人的听觉器官对音色的分辨力优于机器
B. 人不能长期大量储存信息并利用记忆的信息进行分析和判断
C. 人的操作精度远不如机器
D. 机器能同时完成多项操作，而人一般只能同时完成 1～2 项操作

27. 机器的危险部位应通过（　　）来确保工作安全。
A. 悬挂设备名称　　　　　　　　B. 涂警示颜色
C. 安装防护装置　　　　　　　　D. 禁止操作

28. 在自动化系统中，是以机器为主体，机器的正常运转完全依赖于闭环系统的机器自身的控制。下列有关自动化系统说法错误的是（　　）。
A. 在系统里，人只是一个监视者和管理者，监视自动化机器工作
B. 该系统的安全性取决于人机功能分配的合理性及机器本质安全性
C. 该系统的安全性取决于机器的冗余系统是否失灵及机器本质安全性
D. 该系统的安全性取决于人处于低负荷时的应急反应变差及机器本质安全性

29. 摆脱电流是人体可以忍受但一般尚不致造成严重后果的极限。摆脱概率为 50% 的摆脱电流，成年男子约为（　　）mA，成年女子约为（　　）mA。
A. 9，6　　　　B. 6，9　　　　C. 16，10.5　　　　D. 10.5，16

30. 对于工频电流，人的感知电流为 0.5～1 mA、摆脱电流为 5～10 mA、室颤电流约为 50 mA。如某电动机保护接地装置的接地电阻为 2 Ω，该电动机漏电，流过其接地装置的最大接地电流为 8 A，当电阻为 1 000 Ω 的人站在地面接触该电动机时，可能发生的最严重的情况是（　　）。
A. 使该人发生心室纤维性颤动　　　　B. 使该人不能脱离带电体
C. 使该人有电击感觉　　　　　　　　D. 使该人受到严重烧伤

31. 锅炉压力容器的制造单位，必须具备保证产品质量所必需的加工设备、技术力量、检验手段和管理水平，生产相应种类的锅炉或者压力容器必须取得（　　）。
A. ISO 14000 环境管理体系证书　　　　B. 特种设备制造许可证
C. HSE 管理体系证书　　　　　　　　　D. ISO 9000 质量管理体系证书

32. 水位计是用于显示锅炉内水位高低的安全附件。下列关于水位计的说法，错误的是（　　）。

A. 水位计应灵敏可靠

B. 每台锅炉至少应装两支独立的水位计，锅炉额定蒸发量为 0.2 t/h 的可装 1 支水位计

C. 玻璃管式水位计应有防护装置

D. 水位计应设置放水管就地排放

33. 间距是将可能触及的带电体置于可能触及的范围之外。下列有关间距防护说法错误的是（　　）。

A. 架空线路跨越可燃材料屋顶的建筑物时，应保持 7 m 以上的安全间距

B. 架空线路应与有爆炸危险的厂房保持必要的防护间距

C. 在 10 kV 作业中，无遮栏时，人体与带电体的距离不应小于 0.7 m

D. 间距防护安全距离的大小取决于电压高低、设备类型、环境条件等因素

34. 在 380 V 不接地低压配电网中，一般要求保护接地电阻不超过（　　）Ω。

A. 12　　　　　B. 10　　　　　C. 8　　　　　D. 4

35. 汽油、煤油、重柴油、渣油的自燃点高低排序正确的是（　　）。

A. 汽油<煤油<重柴油<渣油

B. 汽油<重柴油<煤油<渣油

C. 渣油<煤油<重柴油<汽油

D. 渣油<重柴油<煤油<汽油

36. 在规定条件下，材料或制品加热到释放出的气体能在瞬间着火并出现火焰的最低温度称为（　　）。

A. 燃点　　　　B. 闪燃　　　　C. 闪点　　　　D. 自燃点

37. 爆炸按爆炸速度可分为爆燃、爆炸、爆轰。物质爆炸时的燃烧速度为（　　）时是爆轰。

A. 每秒数米　　B. 每秒数十米　　C. 每秒数百米　　D. 每秒数千米

38. 双重绝缘是指同时具备工作绝缘和保护绝缘的绝缘。下列有关双重绝缘说法正确的是（　　）。

A. 双重绝缘即是电气设备的加强绝缘

B. Ⅱ类设备在其明显部位应有"回"形标志

C. 双重绝缘设备，必须接地或接零

D. Ⅱ类设备的外壳应有足够的绝缘水平和力学强度，外壳上的盖应方便打开

39. 下列不需要安装漏电保护装置的是（　　）。

A. 游泳池的电气设备　　　　B. 特低电压供电的电气设备

C. 消防通道照明电源　　　　D. 火警报警装置电源

40. 静电最为严重的危险是引起爆炸和火灾，因此静电的防护主要是对爆炸和火灾的防护。以下有关静电防护措施说法错误的是（　　）。

A. 将注油管连接至容器的顶部，以消除静电的危险

B. 防静电接地电阻不超过 1 MΩ

C. 增湿不宜用于消除高温绝缘体上的静电

D. 减少氧化剂的含量

41. 防雷装置包括外部防雷装置和内部防雷装置。外部防雷装置由接闪器、引下线和接地装置组成。下列有关外部防雷装置说法错误的是（　　）。

A. 用金属屋面作接闪器，金属板之间的搭接长度不得小于 100 mm

B. 接闪器截面锈蚀 30% 以上时应更换

C. 独立避雷针的冲击接地电阻不应大于 4 Ω

D. 避雷线一般采用截面面积不小于 50 mm² 的热镀锌钢绞线或铜绞线

42. 压力容器必须有符合要求且安装符合安全技术要求的安全附件。下列关于压力容器安全附件装设说法错误的是（　　）。

A. 安全泄放装置应垂直装设在压力容器的液相部位上

B. 压力容器与安全泄放装置之间的连接管应短而直

C. 安全泄放装置与压力容器之间一般不宜装设截止阀，如需装设，则要保持全开

D. 压力容器一个连接口上可装设两个或者两个以上的安全泄放装置

43. 压力容器上当安全阀与破片装置并联组合使用时，下列关于爆破片爆破压力说法正确的是（　　）。

A. 爆破片的标定爆破压力低于安全阀的开启压力

B. 爆破片的标定爆破压力等于安全阀的开启压力

C. 爆破片的设计爆破压力高于容器的设计压力

D. 爆破片的标定爆破压力略高于安全阀的开启压力

44. 气瓶充装单位对气瓶的充装安全负责。下列气瓶充装符合要求的是（　　）。

A. 气瓶充装单位应制定特种设备应急预案和救援措施，并不定期演练

B. 充装压缩气体的气瓶，在 20 ℃时的压力不得超过气瓶的设计压力

C. 充装高压液化气体应当采用逐瓶称重的方式充装，对充装量进行抽查

D. 充装溶解乙炔需分两次充装，中间间隔时间不少于 8 h

45. 下列有关起重机械安全保护装置的说法，正确的是（　　）。

A. 跨度超过 40 m 的门式起重机应装设起重力矩限制器

B. 长期在高温环境下工作的司机室内应设降温装置，地板上方应设隔热板

C. 臂架起重机应设回转锁定装置，回转锁定装置有机械和气压两种

D. 露天工作于轨道上的起重机，均应装设抗风防滑装置

46. 具有能承受内部的爆炸性混合物的爆炸而不致受到损坏，而且通过外壳任何结合面或结构孔洞，不致使内部爆炸引起外部爆炸性混合物爆炸的是（　　）电气设备。

A. 增安型　　　　　B. 本质安全型　　　　C. 隔爆型　　　　D. 充油型

47. 爆炸危险环境的电气线路应优先采用铜线，在1区和21区的电力及照明线路应采用截面面积不小于（　　）mm² 的铜芯导线。

A. 1.5　　　　　　B. 2.5　　　　　　　C. 4　　　　　　　D. 16

48. 可燃物质在空气中燃烧的形式有扩散燃烧、混合燃烧、蒸发燃烧、分解燃烧和表面燃烧。下列情况属于扩散燃烧的是（　　）。

A. 氧气进入氢气管道后扩散混合，混合气体浓度在爆炸范围内，遇到火源后发生的快速燃烧
B. 苯蒸气从管道泄漏与空气混合，浓度达到爆炸极限范围，遇到火源发生的稳定燃烧
C. 某化工企业发生氢气泄漏事故后遇碰撞火花引起的火灾事故
D. 酒精在火源的作用下，蒸发成蒸气发生氧化分解而进行的燃烧

49. 粉尘爆炸与气体爆炸相比，其爆炸的特点是（　　）。

A. 粉尘爆炸点火能比气体爆炸点火能大
B. 粉尘爆炸所需的发火能更大
C. 粉尘爆炸的感应期相较气体爆炸要长
D. 粉尘爆炸有二次爆炸的可能

50. 烟花爆竹工厂的内、外部安全距离是根据危险性建筑物的计算药量、建筑物的危险性等级和防护情况确定的。下列有关计算药量的说法，错误的是（　　）。

A. 防护屏障内的危险品药量，不应计入该屏障内的危险性建筑物的计算药量
B. 抗爆间室的危险品药量可不计入危险性建筑物的计算药量
C. 厂房内采取了分隔防护措施，相互间不会引起同时爆炸或燃烧的药量可分别计算，取其最大值
D. 厂房计算药量是烟花爆竹生产建筑物中暂时搁置时允许存放的最大药量

51. 火灾自动报警系统是一种用来保护生命与财产安全的技术设施。火灾报警控制器是火灾自动报警系统中的主要设备。火灾报警控制器按其用途不同，可分为区域火灾报警控制器、集中火灾报警控制器和通用火灾报警控制器3种基本类型。下列有关火灾报警控制器说法正确的是（　　）。

A. 火灾报警控制器具有应急照明通信功能
B. 火灾报警控制器具有记忆、识别功能
C. 火灾报警控制器具有自动检测火情并灭火的功能
D. 火灾报警控制器具有自动防烟排烟功能

52. 高压开关有断路器、负荷开关、隔离开关等。下列选项中,既能在正常情况下接通和分断负荷电流,又能借助继电保护装置在故障情况下切断短路电流的高压开关是(   )。

   A. 高压断路器   B. 高压负荷开关
   C. 高压隔离开关   D. 高压联锁装置

53. 低压配电柜和配电箱是低压成套电器。下列有关低压配电箱和配电柜的要求不符合安全要求的是(   )。

   A. 落地安装的配电箱底面高出地面 80 mm
   B. 配电箱的前方 0.7 m 处有障碍物
   C. 除触电危险性小的生产场所和办公室外,不得采用开启式的配电板
   D. 有导电性粉尘的危险作业场所,安装密闭式配电箱

54. 压力管道常用的安全附件和安全保护装置除了有安全阀、爆破片、温度计、压力表等外,还有一些根据管道特点所设的保护装置,如阻火器、防静电装置、阴极保护装置等。下列有关阻火器说法正确的是(   )。

   A. 轰爆型阻火器适用于阻止火焰以亚音速通过的阻火器
   B. 选用阻火器时,其最大间隙应六于介质在操作工况下的最大试验安全间隙
   C. 选用阻火器的安全阻火速度应六于安装位置可能达到的火焰传播速度
   D. 单向阻火器安装时,应当将阻火侧背向潜在点火源

55. 升降机是起重机械的一个种类。属于安全监督管理范围规定的升降机是额定起重量大于或者等于(   )t 的升降机。

   A. 0.1   B. 0.5   C. 1   D. 2

56. 物质在燃烧过程中,通常会产生烟雾,同时释放出被称为气溶胶的燃烧气体,它们与空气中的氧发生化学反应,形成含有大量红外线和紫外线的火焰,导致周围环境温度升高。火灾探测器的基本功能就是对烟雾、温度、火焰和燃烧气体等火灾参数做出有效反应。下列适用于汽油初起火灾检测的火灾探测器是(   )火灾探测器。

   A. 感光   B. 感烟   C. 感温   D. 复合式

57. 单线循环脱挂抱索器客运架空索道在吊具距地高度大于(   )m 时,应配备缓降器救护工具。

   A. 8   B. 15   C. 10   D. 18

58. 叉车是一种对成件托盘货物进行装卸、堆垛和短距离搬运的轮式车辆。下列关于叉车安全使用要求说法正确的是(   )。

   A. 严禁用叉车装卸质量不明物件
   B. 特殊作业环境下可以单叉作业
   C. 运输物件行驶过程中应保持起落架水平

D. 叉运大型货物影响司机视线时可倒开叉车

59. 爆炸容器材料的传热性越好，爆炸极限范围（　　）。
   A. 越大
   B. 越小
   C. 不变
   D. 变化无规律

60. 爆炸是物质系统的一种极为迅速的物理的或化学的能量释放或转化过程。爆炸的主要特征是（　　）。
   A. 温度升高
   B. 压力急剧升高
   C. 放热
   D. 发光

61. 引发火灾、爆炸事故的因素很多，一旦发生事故，后果极其严重。下列措施中能阻止和限制火灾爆炸的蔓延扩展的是（　　）。
   A. 控制点火源
   B. 装设防爆电气
   C. 装设避雷针
   D. 安装火灾报警系统

62. 防火防爆的安全装置可分为阻火装置与防爆泄压装置两大类。阻火装置有单向阀、阻火阀门、火星熄灭器等。下列有关火星熄灭器阻火装置原理说法错误的是（　　）。
   A. 火星由粗管进入细管，流速降低，火星不会飞出
   B. 在火星熄灭器中设网格等障碍物，将较大、较重的火星挡住
   C. 在火星熄灭器中设置旋转叶轮改变烟气流动方向，增加烟气路程，加速火星沉降
   D. 用喷水的方法熄灭火星

63. 蜡烛是一种固体可燃物，其燃烧的基本原理是（　　）。
   A. 通过热解产生可燃气体，然后与氧化剂发生燃烧
   B. 固体蜡烛被烛芯直接点燃并与氧化剂发生燃烧
   C. 蜡烛受热后先液化，然后蒸发为可燃蒸气，再与氧化剂发生燃烧
   D. 蜡烛受热后先液化，液化后的蜡被烛芯吸附直接与氧化剂发生燃烧

64. 某企业有两种易燃易爆物品，甲的爆炸极限范围是（4%，16%），乙的爆炸极限范围是（5%，20%）。这两种物品的危险性大的是（　　）。
   A. 甲
   B. 乙
   C. 一样大
   D. 不能确定

65. 下列关于废弃物销毁说法错误的是（　　）。
   A. 对有机过氧化物废弃物应根据其特性选择将其分解、烧毁或填埋
   B. 一般工业废弃物可直接进入填埋场进行填埋
   C. 一般采用固化/稳定化方法将危险废弃物无害化
   D. 对确认不能使用的爆炸性物品，可自行销毁，但应注意选择合适的销毁方法

66. 化学品安全技术说明书提供了化学品在安全、健康和环境保护等方面的信息，推荐了防护措施和紧急情况下的应对措施。下列有关危险化学品安全技术说明书说法错误

的是（　　）。

A．为危害控制和预防措施的设计提供技术依据

B．不是企业安全教育的主要内容

C．是应急作业人员进行应急作业时的技术指南

D．是化学品安全生产、安全流通、安全使用的指导性文件

67．危险化学品的爆炸可按爆炸反应物质分为简单分解爆炸、复杂分解爆炸和爆炸性混合物爆炸。下列有关危险化学品爆炸的说法，错误的是（　　）。

A．复杂分解爆炸物的危险性比简单分解爆炸物的危险性要高

B．简单分解的爆炸物，在爆炸时不一定发生燃烧反应，其爆炸所需的热量是由爆炸物本身分解产生的

C．复杂分解爆炸物在爆炸时伴有燃烧现象，燃烧所需的氧由本身分解产生

D．爆炸性混合物的爆炸需要一定的条件，是带有冲击力的快速燃烧

68．我国安全色有四种，分别是红色、绿色、黄色、蓝色。白色和黑色是安全色的对比色。下列有关安全色说法错误的是（　　）。

A．红色表示危险　　　　　　　　B．黄色表示注意

C．绿色表示通行　　　　　　　　D．蓝色表示提供信息

69．把容积不超过 3 000 L，用于储存和运输压缩气体、液化气体的可重复充装的可移动的容器叫作气瓶，是运输压缩气体和液化气体最常用的容器。气瓶水压试验压力为（　　）的 1.5 倍。

A．设计压力　　　　　　　　　　B．最高工作压力

C．公称工作压力　　　　　　　　D．操作压力

70．下列有关阴燃说法正确的是（　　）。

A．阴燃没有火焰但有可见光　　　B．阴燃没有火焰和可见光

C．阴燃有火焰和可见光　　　　　D．阴燃有火焰但没有可见光

二、多项选择题（共 15 题，每题 2 分。每题的备选项中，有 2 个或 2 个以上符合题意，至少有 1 个错项。错选，本题不得分；少选，所选的每个选项得 0.5 分）

71．皮带传动机构传动平稳、噪声小、结构简单、维护方便，因此广泛应用于机械传动中。下列有关皮带传动的说法，正确的是（　　）。

A．皮带传动装置防护罩采用金属骨架防护网，与皮带的距离不应小于 50 mm

B．传动机构离地面 2 m 以上，要设防护罩

C．皮带传动机构离地面 2 m 以上，皮带回转的速度在 9 m/s 以上，需设防护罩

D．皮带传动机构离地面 2 m 以上，皮带轮之间的距离在 3 m 以上，需设防护罩

E．皮带传动机构离地面 2 m 以上，皮带宽度在 15 cm 以上，需设防护罩

72. 木工平刨床常见伤害是刨刀切割手事故，防止切割的关键是工作台加工区和刨刀轴的安全。下列关于平刨床的说法，正确的是（　　）。

   A. 刀轴使用圆柱形结构，禁止使用方形刀轴

   B. 刨刀片径向伸出量大于 1.1 mm

   C. 刨削时仅仅打开与工件等宽的相应刀轴部分

   D. 组装后的刀轴仅需离心试验，确定稳定性

   E. 装置不得涂耀眼颜色，不得反射光泽

73. 锻造机械结构应保证设备运行中的安全，而且还应保证安装、拆卸和检修等工作的安全。下列关于锻造安全措施的说法，正确的有（　　）。

   A. 安全阀的重锤必须封在带锁的锤盒内

   B. 锻压机械的机架和突出部分不得有棱角和毛刺

   C. 启动装置的结构应能防止锻压机械意外地开动或自动开动

   D. 停车按钮为红色，其位置比启动按钮高 11 mm

   E. 锻锤端部一旦卷曲，不应修复后再使用，应立即停止使用

74. 在人机系统中，人始终处于核心并起主导作用，机器起着安全可靠的保障作用。下列在人机系统中对人的特性描述错误的是（　　）。

   A. 人能连续进行超精密的重复操作，可靠性较高

   B. 人对处理柔软物体比机器优越

   C. 人能非常好地适应环境

   D. 人的运行成本较机器的要高

   E. 做精细调整工作，人比机器做得更好

75. 电流的热效应、化学效应、机械效应对人体所造成的伤害有电烧伤、电烙印、皮肤金属化等。下列关于电伤的说法，正确的是（　　）。

   A. 电伤一般不会导致人的死亡

   B. 电弧烧伤一般只发生在高压系统中

   C. 电流作用于人体使肌肉非自主地剧烈收缩可能产生伤害

   D. 较弱的电流也能造成严重的灼伤

   E. 电流灼伤一般发生在高压系统

76. 按照发生电击时电气设备的状态，电击分为（　　）。

   A. 直接接触电击　　　　　　　　B. 间接接触电击

   C. 单线电击　　　　　　　　　　D. 两线电击

   E. 跨步电压电击

77. 下列关于爆炸性气体环境危险区域划分以及爆炸性气体环境危险区域范围的说法，正确的是（　　）。

A. 有效通风可以降低危险环境等级

B. 良好的通风标志是混合物中危险物质的浓度被稀释到爆炸上限 25% 以下

C. 可利用堤或墙等障碍物，限制比空气重的爆炸性气体混合物的扩散，缩小爆炸危险范围

D. 当厂房内空间大，释放源释放的易燃物质少，可按厂房内部分空间划定爆炸危险的区域范围

E. 爆炸性气体危险区域可划分为 0 区

78. 炉膛爆炸是指炉膛内积存的可燃性混合物瞬间同时爆燃，从而使炉膛烟气侧压力突然升高，超过了设计允许值而造成水冷壁、刚性梁及炉顶、炉墙破坏的现象。炉膛爆炸需具备的条件是（　　）。

A. 燃料以气态积存在炉膛中
B. 炉膛烟气侧压力突然升高
C. 送风机突然停转
D. 有足够的点火能源
E. 燃料和空气的混合物达到爆燃浓度

79. 压力管道的蠕变破坏，使得性能下降或产生蠕变裂纹，最终造成破坏失效。下列有关压力管道的蠕变破坏的说法，正确的是（　　）。

A. 管道焊缝熔合线处蠕变开裂
B. 运行中管道沿径向开裂
C. 三通焊缝处蠕变失效
D. 蠕变断口被氧化层或腐蚀层覆盖
E. 长期蠕变管道在直径方向有明显变形

80. 某企业进行停车检修，对系统进行有效隔离后用氮气吹扫，检修操作人员能选择的用于吹扫的氮气瓶是（　　）。

A. 含氧量小于 4% 的氮气瓶
B. 含氧量小于 3% 的氮气瓶
C. 含氧量小于 2% 的氮气瓶
D. 含氧量小于 1.5% 的氮气瓶
E. 含氧量小于 1% 的氮气瓶

81. 按照爆炸反应相的不同，爆炸可分为气相爆炸、液相爆炸和固相爆炸。下列爆炸属于液相爆炸的是（　　）。

A. 油压机喷出的油雾引起的爆炸
B. 喷漆作业引起的爆炸
C. 液氧和煤粉等混合引起的爆炸
D. 熔融的矿渣与水接触引起的蒸汽爆炸
E. 硝酸和油脂的混合引起的爆炸

82. 爆炸是物质系统的一种极为迅速的物理的或化学的能量释放或转化过程。爆炸有多种分类方式，如按爆炸能量来源分、按爆炸反应相的不同分等。按爆炸能量来源分类，

爆炸可分为（　　）。

　　A. 物理爆炸　　　　　　B. 轻爆　　　　　　C. 化学爆炸
　　D. 爆轰　　　　　　　　E. 核爆炸

83. 爆炸极限是表征可燃气体、蒸气和可燃粉尘危险性的主要指标之一。下列有关爆炸极限说法错误的是（　　）。

　　A. 爆炸极限是一个物理常数
　　B. 爆炸极限随条件的变化而变化
　　C. 混合爆炸气体的爆炸极限范围越宽，其爆炸危险性越大
　　D. 混合爆炸气体的爆炸下限越低，其爆炸危险性越大
　　E. 混合爆炸气体的爆炸下限越高，其爆炸危险性越大

84. 火灾是指在时间或空间上失去控制的灾害性燃烧现象。及时正确地选择合适的灭火剂和灭火方法，控制火势，对减少因火灾的发生而造成的损失有十分重要的意义。下列对于灭火应注意的事项，错误的是（　　）。

　　A. 扑救爆炸物品火灾时，切忌用沙土覆盖，以免增强爆炸物品的爆炸威力
　　B. 当铝、镁发生火灾事故时，选择用二氧化碳灭火剂扑救
　　C. 扑救易燃液体火灾时，选择用直流水、雾状水扑救比水轻又不溶于水的液体火灾
　　D. 扑救爆炸物品堆垛火灾时，应采用直流水
　　E. 扑救毒害和腐蚀品火灾时，尽量使用低压水流或雾状水扑救

85. 粉尘爆炸极限不是固定不变的，下列关于粉尘爆炸极限影响因素的说法正确的是（　　）。

　　A. 粉尘的粒度越大，爆炸极限范围越大
　　B. 粉尘的灰分越多，爆炸极限范围越小
　　C. 粉尘的分散度越大，爆炸极限范围越小
　　D. 粉尘的湿度越大，爆炸极限范围越小
　　E. 粉尘的表面积越大，爆炸极限范围越大

安全生产技术基础
模考通关试卷一参考答案及解析

一、单项选择题（共70题，每题1分。每题的备选项中，只有1个最符合题意）

1. A 当轴旋转时，无论其有多光滑，都有可能将松散的衣物等挂住，并将其缠绕在轴上。辊轴交替驱动的输送机，应该在驱动轴的下游安装防护罩。如果所有辊轴都被驱动，不存在危险，不需要防护。安装在通风管道内的轴流风扇，不存在危险，不需要防护。开放叶片是危险的，需要使用防护网进行防护。

2. D ①本质安全技术——合理的结构形式：机器零部件形状（避免锐边、尖角、粗糙面、突出部位；对可能造成"陷入"的机器开口进行覆盖等）；运动机械部件相对位置设计（加大运动部件的最小间距，使得人体的相应部位可以安全进入）；足够的稳定性。②机械的可靠性设计——提升可靠性，减少故障，减少人员暴露于危险环境中；操作的机械化或自动化设计，减少人员在操作点暴露于危险环境中，而减小由这些操作产生的风险。

3. C 机床或控制系统能量供应中断，动力中断、连接松动、元件破损（工件或机床零件意外甩出，压力气体或液体意外喷出的危险），控制系统的故障或失灵、选择和安装不符合设计规定（机床意外启动或误动作、速度变化失控和运动部位不能停止），数控系统由于记忆失灵和保护不当及与各种外部装置间的接口连接使用不当引起的危险，装配错误，机床失稳等都属于第一种情况，即是故障、能量供应中断、机械零件破损及其他功能紊乱造成的危险。

4. D 图形符号和安全标志应优先于文字信息；砂轮机罩内壁、带轮及其防护罩内壁应涂黄色表示注意、警告；安全标志不宜设在门、窗、架或可移动的物体上，标志牌前不得放置妨碍识读的障碍物。

5. D 将企业内高噪声设备集中布置，以方便设置隔声室。

6. B 压力容器的爆炸危害：冲击波及其破坏作用、爆破碎片的破坏作用、介质伤害（有毒介质的毒害和高温蒸汽的烫伤）、二次爆炸及燃烧危害等。

7. C 过滤式防毒面具适用于毒性气体的体积分数低,一般不高于1%的环境。

8. D 开口大小 8 mm < e ≤ 10 mm,圆形开口的安全距离大于等于 20 mm 的能防指至指关节。

9. C 直接接触电击:触及正常状态下带电的带电体时发生电击。间接接触电击:触及正常状态下不带电,而在故障状态下意外带电的带电体时发生的电击。高压线是正常状态下带电的带电体。

10. C AC-1 区,通过人体的电流较小,通过人体几乎无生理效应;AC-2 区,通过人体的电流较小,有感觉,但没有有害的生理效应;AC-3 区,没有机体损伤,不发生心室纤维性颤动,可引起肌肉收缩和呼吸困难;AC-4 区,除了有 AC-3 区的各项效应外,还有心室纤维性颤动。

11. C 噪声大及有振动的设备应布置在多层厂房的底层;高振设备应集中布置,采取减振降噪措施;使用易燃易爆物料的工序宜布置在厂房的下风向。

12. B 兼用作中性线、保护零线的 PEN 线的最小截面面积除应满足不平衡电流和谐波电流的导电要求外,还应满足保护接零可靠性的要求。为此,要求铜质 PEN 线截面面积不得小于 10 mm²、铝质的不得小于 16 mm²。如果采用电缆芯线作 PEN 线,则其截面面积不得小于 4 mm²。

13. C 安全阀与爆破片装置并联组合时,爆破片的标定爆破压力不得超过容器的设计压力。安全阀的开启压力应略低于爆破片的标定爆破压力。当安全阀进口和容器之间串联安装爆破片装置时,爆破片破裂后的泄放面积应不小于安全阀进口面积。

14. D 所有火灾不论损害大小,都应列入火灾统计范围。以下情况应列入火灾统计范围:①易燃易爆化学物品燃烧爆炸引起的火灾;②破坏性试验中引起非实验体的燃烧;③机电设备因内部故障导致外部明火燃烧或者由此引起其他物件的燃烧;④车辆、船舶、飞机以及其他交通工具的燃烧(飞机因飞行事故而导致本身燃烧的除外),或者由此引起其他物件的燃烧。

15. C 液压系统使用中高压供油,需通过耐压试验、长度变化试验、爆破试验、脉冲试验、泄漏试验等试验检测。

16. B 在较短时间(3~6 个月)有较大剂量毒性危险化学品进入人体内所引起的中毒称为亚急性中毒,故不选 A。水溶性和脂溶性的毒性化学品易被皮肤吸收,故不选 C。一氧化碳影响机体输送氧的能力,造成血液窒息;氰化氢、硫化氢会影响机体和氧的结合能力,造成细胞内窒息,故不选 D。

17. D 化学品安全技术说明书提供了化学品在安全、健康和环境保护等方面的信息。化学品安全技术说明书包括 16 项信息内容,每项的标题、编号和前后顺序不应随意变更。

18. C 粉尘爆炸的燃烧速度、爆炸压力均比混合气体爆炸小;堆积的可燃粉尘一般不会发生爆炸;粉尘爆炸多数是不完全燃烧,产生的一氧化碳等有毒物质也相当多。

19. A 压力表必须装设在锅筒蒸汽空间。

20. A 引燃温度又称自燃点或自燃温度,是在规定试验条件下,可燃物质不需外来火源即发生燃烧的最低温度。爆炸性气体、蒸气、薄雾按引燃温度分为6组。

21. C 机械式安全装置:拉(推或拨)手式安全装置可防止操作者双手误入危险区。如手已入危险区,通过该安全装置将手随冲模的闭合而拉出危险区。

22. C 人工操作系统和半自动化系统的安全性主要取决于人机功能分配的合理性、机器的本质安全性及人为失误状况。

23. C 起电材料电阻率高,静电泄漏慢。

24. B 独立避雷针是离开建筑物单独装设的,严禁在独立避雷针的构筑物上架设通信线、广播线或低压线;附设避雷针是装设在建筑物或构筑物屋面上的避雷针,附设避雷针的接地装置可与其他接地装置共用,宜沿建筑物或构筑物四周敷设;第一类防雷建筑物防二次放电的最小距离不得小于3 m;第一类、第二类、第三类防雷建筑物需采取防直击雷的防护措施。

25. B 空气气瓶体色是黑色,氧气气瓶体色是蓝色。

26. D 锅炉发生缺水事故后,经叫水操作发现是严重缺水应紧急停炉;锅炉发生满水事故后,经放水后水位表仍看不到水位应紧急停炉。省煤器损坏后,如能经直接上水管给锅炉上水,并使烟气经旁通烟道沉出,则可不停炉进行省煤器修理,否则必须停炉进行修理。

27. C 保护接零一般不能将漏电设备上的故障电压降低到安全范围内,但可以迅速切断电源。

28. D 在火灾分类中,A类:指固体物质火灾,通常具有有机物性质,一般在燃烧时能产生灼热的余烬,如木材、棉、毛、麻、纸张火灾等。B类:指液体或可熔化的固体物质火灾,如汽油、乙醇、沥青、石蜡火灾等。C类:指气体火灾,如煤气、氢气火灾等。D类:指金属火灾,如钾、钠、铝、镁火灾等。E类:指带电火灾,如家电、变压器、发电机、电缆等带电燃烧的火灾。F类:指烹饪器具内的烹饪物火灾,如动植物油脂火灾等。

29. C 泡沫灭火器适合扑救脂类、石油产品等B类火灾以及木材等物质的A类初起火灾,但不能扑救B类水溶性火灾,也不能扑救带电设备火灾及C类和D类火灾。

30. B　IT系统字母I表示配电网不接地，字母T表示电气设备外壳直接接地。在接地系统中，第一个字母表示电源中性点接地状态：T是接地，I是不接地（绝缘）；第二个字母表示负荷接地状态：T是电气设备外露导体接地，N是电气设备外露导体接零；第三、第四个字母表示中线与保护线是否合用：C是合用，S是不合用。

31. D　用途：漏电保护装置可防止接触电击，也用于防止漏电火灾和监测一相接地故障。其主要功能是提供间接接触电击保护，也可作为直接接触电击的补充保护，但不能作为基本的保护措施。间接接触电击防护：采用自动切断电源的保护方式，以防止电气设备绝缘损坏发生接地故障时，电气设备的外露可接近导体持续带有危险电压而产生有害影响或电气设备损坏事故。

32. A　此砂轮机是使用砂轮安装轴水平面上方部位进行磨削加工，其砂轮防护罩的总开口角度为65°。砂轮卡盘外侧面与砂轮防护罩开口边缘之间的距离一般不大于15 mm，此处为14 mm，符合要求；托架与砂轮圆周表面间隙应小于3 mm，此处为2 mm，符合要求。

33. B　装设保持在所需位置不动的防护装置，不用工具不能打开是属于实现安全三步法中的第二步——提供安全防护。

34. A　熔化、浇铸和落砂、清理区应设避风天窗。

35. D　发现锅炉缺水应先判断缺水情况。通过"叫水"操作，发现水位表无水位，则判定严重缺水，严禁给锅炉上水。"叫水"操作适合相对容水量较大的小型锅炉。

36. C　漏电电流一般不大，不能促使线路熔丝动作。如漏电电流沿线路均匀分布，发热量分散，一般不会产生危险温度；但漏电电流集中在某一点时，可能引起比较严重的局部发热，产生危险温度。

37. B　固体绝缘的电击穿是作用时间短，击穿电压高。

38. C　阀型避雷器的接地电阻一般不应大于5 Ω。电涌避雷器无冲击波时主要表现为高阻抗，冲击波到来时急剧变为低阻抗。避雷器正常时处在不通的状态；出现雷击过电压时，击穿放电，切断过电压，发挥保护作用；过电压终止后，迅速恢复不通状态，恢复正常工作。

39. A　压力管道是指利用一定的压力，用于输送气体或者液体的管状设备，其范围规定为最高工作压力高于或者等于0.1 MPa（表压），介质为气体、液化气体、蒸汽或者可燃、易爆、有毒、有腐蚀性、最高工作温度高于或者等于标准沸点的液体，且公称直径大于或者等于50 mm的管道。公称直径小于150 mm，且其最高工作压力低于1.6 MPa（表压）的输送无毒、不可燃、无腐蚀性气体的管道和设备本体所属管道除外。

40. B　压力容器按承压方式分类，可分为内压容器和外压容器，内压容器按设计压力可以分为低压容器（0.1～1.6 MPa）、中压容器（1.6～10.0 MPa）、高压容器（10.0～100.0 MPa）、超高压容器（≥100.0 MPa）。

41. B　单线循环固定抱索器客运架空索道夜间运行时应有针对性照明。

42. B　500 ℃时，压力升高到200 Pa和6 666 Pa之间，游离基产生支链的速度大于游离基的销毁速度，链反应猛烈而发生爆炸。

43. D　安装使用可燃气体探测器应注意：①探测气体密度小于空气密度的可燃气体探测器应设置在被保护空间的顶部；探测气体密度大于空气密度的可燃气体探测器应设置在被保护空间的下部。②对于经常有风速0.5 m/s以上气流存在、可燃气体无法滞留的场所，或经常有热气、水滴、油烟的场所，或环境温度经常超过40 ℃的场所，不宜安装可燃气体探测器；有铅离子存在的场所，或有硫化氢气体存在的场所，不能使用可燃气体探测器；有酸碱等腐蚀性气体存在的场所，也不宜使用可燃气体探测器。③可燃气体探测器应每季度检查一次是否工作正常。

44. B　能通过自身的结构功能限制或防止机器的某种危险的安全装置是安全保护装置。

45. D　木材加工的吸尘系统应设在与排放源尽量接近处，保证作业场所粉尘质量浓度不超过10 mg/m³。

46. C　油浸式变压器的油主要作用是绝缘、散热和减缓油箱内元件的氧化。变压器油的闪点在135～160 ℃之间，属于可燃液体，且变压器内的固体绝缘衬垫、纸板、棉纱、布、木材都属于可燃物质，所以油浸式变压器火灾危险性较大，甚至有爆炸危险；干式变压器没有油箱和变压器油，在很大程度上排除了火灾、爆炸隐患。

47. D　当燃烧爆炸物质不可避免地出现时，应尽可能消除或隔离各类点火源。控制点火源、装设防爆电气装置、装设避雷针都是消除点火源的措施。火灾报警系统能及时发现火情危险，发出警示，及时采取措施控制危险，能阻止和限制火灾爆炸蔓延扩展，并尽量降低火灾爆炸事故造成的损失。

48. B　点燃燃气、燃油、煤粉锅炉时，应先送风，之后投入点燃火炬，最后送入燃料。一次点火未成功需重新点火时，一定要在点火前给炉膛烟道重新通风，待充分清除可燃物之后再进行点火操作。

49. C　气瓶的水压试验压力为公称工作压力的1.5倍。

50. A　射频泛指超过100 kHz的无线电波或相应电磁振荡的频率，射频伤害主要由电磁场的能量造成。处于射频电磁场的环境中，人体由于吸收辐射的能量会遭受到伤害。

51. B 液态可燃物（包括受热后先液化后燃烧的固态可燃物）通常先蒸发为可燃蒸气，可燃蒸气与氧化剂发生燃烧。沥青是可熔化的固体可燃物。

52. A 产生危害物质排放的设备应密闭后设排风罩，不能密闭设吸风罩。重型机床高于500 mm的操作平台应设高度不低于1 050 mm的防护栏杆；金属表面除锈及抛光铸件清理打磨等作业点，应设置排风罩。

53. D 抛光金属零件产生爆炸性粉尘的危险不属于机械危险，属于材料和物质产生的危险，具有发生火灾爆炸危险。

54. B 敷设电气线路的导管需穿过不同区域之间楼板处的空洞，应用不燃性材料严密封堵；架空电力线路禁止跨越爆炸性气体环境；爆炸性危险环境不宜采用油浸纸绝缘电缆。

55. C 盛装氮气、六氟化硫、稀有气体及纯度大于或等于99.999%的无腐蚀性高纯气体的气瓶，每5年检验1次；盛装对瓶体材料能产生腐蚀作用的气体的气瓶、潜水气瓶以及常与海水接触的气瓶，每2年检验一次；盛装其他气体的气瓶，每3年检验1次；溶解乙炔气瓶、呼吸器用复合气瓶每3年检验1次。

56. B 绝缘、屏护和间距是防直接接触电击。

57. D 绝缘老化是绝缘材料在运行过程中受到热、电、光、氧、机械力、微生物等因素的长期作用，发生一系列不可逆的物理、化学变化，导致电气性能和力学性能的劣化。

58. D 以不燃或难燃的材料代替可燃或易燃材料，是防火与防爆的根本性措施。在满足生产工艺要求的条件下，应当尽可能地用不燃溶剂或火灾危险性小的物质代替易燃溶剂或火灾危险性较大的物质，这样可防止形成爆炸性混合物。

59. C 油脂有自热自燃性，遇氧气易发生爆炸事故。

60. A 一般氧体积分数低于12%或二氧化碳体积分数达到30%～35%时，燃烧中止。

61. D 专用民爆物品包括油气井用起爆器、射孔弹、复合射孔器、修井爆破器材、点火药盒、地震勘探用震源药柱、震源弹、特种爆破用矿岩破碎器材、中继起爆具、平炉出钢口穿孔弹、果林增效爆破具等。乳化炸药、水乳炸药属于工业炸药。电雷管属于起爆器材。

62. D 固定式防护装置为机器的组成部分，应牢固装设在机器上。

63. B 电击死亡的主要原因是心室发生纤维性颤动。呼吸麻痹和中止、电休克虽然也可能导致死亡，但其危险性比引起心室纤维性颤动的危险性小得多。

安全生产技术基础
模考通关试卷一参考答案及解析

64. A 遇有拉力不清的埋置物时不吊。重物棱角处与吊绳之间未加衬垫不吊,光滑吊物应采取防火措施,不用加衬垫。工作场地昏暗,无法看清场地、被吊物及指挥信号不吊,但夜间有充足照明能看清场地和指挥信号可以吊。工件捆绑、吊挂不牢不吊,长短不一的吊物采取措施捆绑牢靠可吊。

65. C 极限力矩限制器是防止回转驱动装置偶尔过载,保护电动机、金属结构及传动零部件免遭破坏的起重机械的安全装置,通常选择两种:①弹簧和凸台结构的配合,是可恢复和重复作用的一种力矩限制机构。②使用保险销钉结构,作为防止重要机构损坏的预防装置,属于不可恢复的最终保护。

66. C 乘客乘坐观览车类游乐设施产生恐惧时,应立即停下并反转。滑行车因故障停在拖动斜坡的最高点,应将乘客从前向后进行疏散。游乐设施的制动包括对电动机的制动和车辆制动;电动机的制动有机械和电气制动;车辆的制动主要是机械制动。

67. C 烟花爆竹工厂的安全距离实际上是危险性建筑物与周围建筑物之间的最小允许距离,包括内部距离和外部距离。

68. C 炸药爆炸的特征包括反应过程的放热性、反应过程的高速性、反应生成物含有气态物质。

69. C 不活泼气体含量的增加,对爆炸上限有较大影响,爆炸极限范围缩小。混合气体中不活泼气体浓度的增加,使空气的浓度相对减小,在爆炸上限时,可燃气体浓度大,空气浓度小,混合气中氧浓度相对减小,故不活泼气体更容易把氧分子和可燃气体分子隔开,对爆炸上限产生较大影响,使爆炸上限迅速下降。

70. B 危险化学品的危险特性有燃烧性、爆炸性、毒害性、腐蚀性、放射性。扩散性是易燃液体和易燃气体的危险特性。

二、多项选择题(共15题,每题2分。每题的备选项中,有2个或2个以上符合题意,至少有1个错项。错选,本题不得分;少选,所选的每个选项得0.5分)

71. ACE 热继电器和热脱扣器的热容量较大,动作延时也较大,只宜用于过载保护,不能用于短路保护。有些热继电器在一次电路缺相时,也能动作,起缺相保护作用。熔断器热容量小,动作快,可作短路保护元件,不可作过载保护元件。

72. AB 看不到水位,且表内发暗,是满水事故,满水事故不能再上水,故选A。发现锅炉满水后,应冲洗水位表,检查水位表有无故障,故不选C。一旦确认满水,应立即关闭给水阀停止向锅炉上水,启用省煤器再循环管路,减弱燃烧,开启排污阀及过热器、蒸汽管道上的疏水阀,故不选D、E。

73. ABCE 严格控制带锯条的横向裂纹,裂纹超长应切断重新焊接。

74. BDE　应使用砂轮机的圆周表面进行磨削作业，不宜使用侧面进行磨削。发生砂轮事故后，应检查砂轮防护罩是否有损伤，砂轮卡盘有无变形或不平衡，检查砂轮主轴端部螺纹和紧固螺母，合格后方可使用。

75. CDE　通风分为局部排风和全面通风。全面通风是用新鲜空气将作业场所中的污染物稀释到安全浓度以下，所需风量大，不能净化回收。污染物呈点式扩散，使用局部排风；呈面式扩散，使用全面通风。全面通风的目的不是消除污染物，而是将污染物分散稀释，所以全面通风仅适合低毒性作业场所，不适合污染物量大的作业场所。

76. ABD　与高温金属液体接触的扒渣棒接触液体前应预热，防止冷工具接触产生飞溅。浇注完毕后，待铸件冷却到一定温度后，将其从砂型中取出。

77. CDE　输送链和链轮的危险来自输送链进入链轮处以及齿轮。砂带机的砂带应该向远离操作者的方向运动，并且有止逆装置。

78. ABCD　两线电击比单线电击危险性大，但不是发生最多的，发生最多的触电事故是单线电击。电击是电流直接通过人体造成的伤害。电伤是电流转换成热能、机械能等其他形式的能量作用于人体造成的伤害。电烙印是电伤的一种，是电流转换成热能形成的伤害，不是直接通过人体造成的伤害。电流灼伤也是电伤的一种，电流越大、通电时间越长、电流途径上的电阻越大，电流灼伤越严重。

79. ACE　工作火花是指电气设备正常工作或正常操作过程中所产生的电火花，例如，控制开关、断路器、接触器、控制器接通和断开线路时产生的火花；插销拔出或插入时产生的火花；直流电动机的电刷与换向器的滑动接触处、绕线式异步电动机的电刷与滑环的滑动接触处产生的火花等。

80. AB　气相爆炸包括可燃性气体和助燃性气体混合物的爆炸、液体被喷成雾状物在剧烈燃烧时引起的爆炸、飞扬悬浮于空气中的可燃粉尘引起的爆炸等。

81. ABD　起重机械的首次检验是指起重机械在投入使用前进行的检验。对于采用整机组装形式出厂的门式起重机，在首次检验中，需要进行的性能试验是静载荷试验、动载荷试验、额定载荷试验。

82. ABCE　叉车作业要求包括：当物件质量不明时，应将该物件叉起离地 100 mm 后检查机械的稳定性，确认无超载现象后，方可运送；叉装时，物件应靠近起落架，其重心应在起落架中间，确认无误，方可提升。物件提升离地后，应将起落架后仰，方可行驶。两辆叉车同时装卸一辆货车时，应有专人指挥联系，保证安全作业。不得单叉作业和使用货叉顶货或拉货。叉车在叉取易碎品、贵重品或装载不稳的货物时，应采用安全绳加固，必要时，应有专人引导，方可行驶。以内燃机为动力的叉车，进入仓库作业时，应有良好的通风设施。严禁在易燃、易爆的仓库内作业。严禁货叉上载人。驾驶室除规定的操作人员外，严禁其他任何人进入或在室外搭乘。载物高度不得遮挡驾驶员视线。特殊情况物品影响前行视线时，倒车时要低速行驶，卸货后应先降落货叉至正常的行驶位置后再行驶。

83. ACD 压力容器的安全阀应装设在容器本体上，液化气体容器上的安全阀应安装于气相部分。用于泄放高温油气、易燃可燃气体的安全阀，宜接入密闭系统的防空塔或者是事故槽。爆破片一般每6～12个月更换一次。

84. CD 停滞药量是暂时搁置时，允许存放的最大药量。防护屏障内的危险品药量，应计入该屏障内的危险性建筑物的计算药量。

85. BD 信号词位于化学品名称的下方，根据化学品的危险程度和类别，用"危险""警告"两个词分别进行危害程度的警示。

安全生产技术基础
模考通关试卷二参考答案及解析

一、单项选择题（共70题，每题1分。每题的备选项中，只有1个最符合题意）

1. D 非机械性危险主要包括电气危险、温度危险、噪声危险、振动危险、辐射危险、材料和物质产生的危险、未履行安全人机工程学原则而产生的危险等。机械性危险主要包括与机器、机器零部件或其表面、工具、工件、载荷、飞射的固体或流体物料有关的可能会导致挤压、剪切、碰撞、切割式切断、缠绕、碾压、吸入或卷入、冲击、刺伤或刺穿、摩擦或磨损、抛出、绊倒和跌落、高压流体喷射等危险。

2. A 齿轮传动机构必须装置全封闭型的防护装置。

3. B 直接安全技术措施是指通过适当选择机器的设计特性和暴露人员与机器的交互作用，消除或减少相关的风险。间接安全技术措施是指采用用于实现减小风险目标的安全防护或补充保护措施。提示性安全措施是指使用信息明确警告剩余风险，说明安全使用设备的方法和相关的培训要求等。

4. D 维修性设计中需考虑：将维护、润滑和维修设定点放在危险区之外；检修人员接近故障部位进行检查、修理、更换零件等维修作业的可达性，即安装场所可达性、设备外部可达性、设备内部可达性；零、组部件的标准化与互换性；维修人员安全。

5. B 能通过自身的结构功能限制或防止机器的某种危险的安全装置是安全保护装置。

6. A 步行区应采用防滑材料。

7. C 强制人们必须做出某种动作的图形标志是指令标志。

8. C 警告视觉信号的亮度应至少是背景亮度的5倍，紧急视觉信号亮度至少是背景亮度的10倍。紧急视觉信号应为红色。听觉信号在接收区内的任何位置都不应低于65 dB（A）。

9. C 通道宽度：人工运输≥1 m，电瓶车单向行驶≥1.8 m，电瓶车对开≥3 m，叉车或汽车行驶≥3.5 m。

10. D 加工细长杆轴料时，尾部设防弯装置或托架，可防止长料甩击伤人。

11. C 砂轮主轴端部螺纹旋向须与砂轮工作旋转方向相反。砂轮主轴螺纹部分须延伸到紧固螺母压紧面内，但不得超过砂轮最小厚度内孔长度的1/2。卡盘与砂轮侧面的非接触部分应有不小于1.5 mm的足够间隙。

12. B 造成冲压事故的设备原因包括模具结构设计不合理、冲头打崩、未安装安全装置或安全装置失效、机器本身故障造成连冲或不能及时停车等。

13. B 剪板机应有单次循环模式，即使控制装置持续有效，刀架和压料脚也只能工作一个行程。

14. D 防工件抛射风险的安全防护装置包括在刨床上和多锯片圆锯机上采用的止逆器，在圆锯机上采用的分料刀、防反弹安全屏护等。

15. C 带锯条的安全要求包括：锯条焊接应牢固平整，接头不得超过3个，两接头之间长度应为总长的1/5以上。严格控制带锯条的横向裂纹，裂纹超长应切断重新焊接。锯条焊接厚度须与锯条厚度一致。带锯条的锯齿应锋利，齿深不得超过锯宽的1/4，锯条厚度应与匹配的带锯轮相适应。

16. B 安全阀的重锤必须封在带锁的锤盒内。外露传动装置必须有防护罩，防护罩须用铰链安装在锻压设备的不动部件上。较大型的空气锤或蒸汽—空气自由锤一般是手动操纵。

17. A 机器能连续进行超精密的重复操作和按程序的大量常规操作，可靠性较高。但在做精细调整方面，机器多数情况下不如人工。机器的学习适应能力较差。使用机器的一次性投资较高，但在寿命期限内的运行成本较低。

18. A 直接接触电击是指触及正常状态下带电的带电体时发生电击。

19. C 左手至胸部的心脏电流系数为1.5，是最危险的电流途径。

20. C 电伤是电能转变为热能、化学能、机械能等其他形式的能，对人体造成伤害。电伤多属局部性伤害，在人体表面留有明显伤痕。

21. C 氧指数在21%以下的材料为可燃性材料，氧指数在21%~27%的材料是自熄性材料，氧指数在27%以上的材料是阻燃性材料。

22. D 固体绝缘击穿后将失去其原有性能。

23. B 屏护包括遮栏和阻挡物，遮栏既能防无意识也能防有意识触及或过分接近带电体；阻挡物只能防无意识触及或过分接近带电体，而不能防有意识移开或越过该障碍触及或过分接近带电体。遮栏的高度不应小于 1.7 m，下部边缘离地面高度不应大于 0.1 m；户内栅栏高度不应小于 1.2 m，户外栅栏高度不应小于 1.5 m。遮栏出入口根据需要安装信号装置和联锁装置。

24. B　保护接地系统（IT）适用于各种不接地配电网；原理为把故障电压限制在安全范围以内。工作接地系统（TT）适用于低压用户（未装备配电变压器）；特点是接地可以大幅降低漏电设备的故障电压，降低触电危险，但一般不能降低到安全范围内，不能及时切断电源，需要与漏电保护装置一起使用。

25. B　保护导体截面面积标准：有机械防护的 PE 线不得小于 2.5 mm^2，没有机械防护的不得小于 4 mm^2；铜质 PEN 线截面面积不得小于 10 mm^2，铝质的不得小于 16 mm^2；电缆芯线则不得小于 4 mm^2。

26. C　Ⅱ类设备工作绝缘的绝缘电阻不得低于 2 MΩ，保护绝缘电阻是 5 MΩ，加强绝缘的绝缘电阻是 7 MΩ。

27. A　闪点是指易燃液体能释放出足够的蒸气并在液面上方与空气形成爆炸性混合物，点火时能发生闪燃的最低温度。闪点越低，危险性越大。爆炸下限越低、爆炸上限越高，爆炸极限范围越广，爆炸危险性越大。最大试验安全间隙是衡量爆炸性物质的传爆能力的性能参数。燃点越低，危险性越大。

28. B　Ⅰ类：矿井甲烷。Ⅱ类：爆炸性气体、蒸气。Ⅲ类：爆炸性粉尘、纤维或飞絮。

29. B　本质安全型设备是正常状态和故障状态下产生的火花或热效应均不能点燃爆炸性混合物的电气设备。

30. D　第二类防雷建筑物包括：国家级重点文物保护的建筑物；国家级的会堂、办公建筑物，大型展览和博览建筑物，大型火车站和飞机场宾馆，国家级档案馆，大型城市的重要给水水泵房等特别重要的场所；国家级计算中心、国际通信枢纽等对国民经济有重要意义的建筑物；国家特级和甲级大型体育馆；制造、使用或储存火炸药及其制品的危险建筑物，且电火花不易引起爆炸或造成巨大破坏和人身伤亡；具有 1 区或 21 区爆炸危险场所的建筑物，且电火花不易引起爆炸或造成巨大破坏和人身伤亡；具有 2 区或 22 区爆炸危险场所的建筑物；有爆炸危险的露天气罐和油罐；预计雷击次数大于 0.05 次 /a 的省、部级办公建筑物和其他重要或人员集中的公共建筑物以及火灾危险场所；预计雷击次数大于 0.25 次 /a 的住宅、办公楼等一般性民用建筑物或一般工业建筑物。

31. A　变、配电站应设在企业的上风侧，并不得设在容易沉积粉尘和纤维的地方。

32. D　8 类特种设备包括锅炉、压力容器（含气瓶）、压力管道、电梯、起重机械、场（厂）内专用机动车辆、客运索道、大型游乐设施。氧舱属于压力容器，2层机械式停车设备属于起重机械；旅游景区观光车辆属于场（厂）内专用机动车辆。

33. A "叫水"适用于相对容水量较大的小型锅炉，"叫水"的操作是打开水位表的放水旋塞，关闭水位表的汽连接管旋塞，关闭放水旋塞。

34. C 炉管爆破时，往往能听到爆破声，随之水位降低，蒸汽及给水压力下降，负压减小，燃烧不稳定，给水流量明显大于蒸汽流量，有时还有其他明显的症状。

35. A 锅炉结渣使受热面吸热能力减弱，降低了锅炉的出力和效率；局部水冷壁管结渣会影响水循环，甚至造成水循环故障；结渣会造成过热蒸汽温度变化，使过热器金属超温；严重的结渣会妨碍燃烧设备的正常运行。

36. C 金属压力容器一般投用后3年内进行首次定期检验。以后的检验周期由检验机构根据压力容器的安全状况等级，按照以下要求确定：安全等级为1、2级的，每6年检验一次；安全等级为3级的，一般3~6年检验一次；安全等级为4级的，监控使用。

37. B 压力容器的设计压力值不得低于最高工作压力值。

38. B 用于溶解乙炔的易熔塞合金装置的公称动作温度为100 ℃。70 ℃：公称工作压力≤3.45 MPa 的气瓶（除了溶解乙炔）。102.5 ℃：公称工作压力＞3.45 MPa 且不大于30 MPa 的气瓶。车用天然气气瓶的易熔塞合金装置的公称动作温度为110 ℃。

39. D 气瓶充装单位应当按照规定申请办理气瓶使用登记。气瓶充装单位应当充装本单位自有并且办理使用登记的气瓶（车用气瓶、非重复充装气瓶、呼吸器用气瓶以及托管气瓶除外）。气瓶充装单位充装混合气体应当采用加温、抽真空等适当的方式进行预处理。

40. A 不能采取带压堵漏技术的情况包括：毒性极大；受压元件因裂纹泄漏；管道腐蚀或冲刷壁厚状况不清；因泄漏使螺栓承受高于设计使用温度的管道；泄漏特别严重，压力高、介质易燃易爆或有腐蚀性；现场安全措施不符合要求的管道。

41. D 起重伤害事故是指在进行各种起重作业过程中（如吊运、安装、检修等）发生的重物（包括吊具、吊物、吊臂等）坠落、夹挤、物体打击、起重机倾翻事故。

42. A 凡是动力驱动的起重机，其起升机构均应装设上升极限位置限制器。

43. A 因超载或者油缸到达终点油路仍未切断，以及油路堵塞引起压力突然升高，造成液压系统破坏，常用溢流安全阀。

44. D 大风伤害是客运索道常见的事故。客运索道通常在风力大于7级时应停止运行。

45. C 锅炉的启动步骤是：检查准备—上水—烘炉煮炉—点火升压—暖管并汽。

46. D 大多数的燃烧是物质受热分解出的气体或液体蒸气在气相中燃烧。在固体燃烧中，简单物质（如硫、磷等），无分解阶段。

47. C 粉尘粒度越小，分散度越高，可燃气体和氧含量越大，火源强度、初始温度越高，湿度越低，惰性粉尘及灰分越少，爆炸极限范围越大，粉尘爆炸的危险性也就越大。粉尘粒度越小，比表面积越大，反应速度越快，爆炸上升速率就越大。

48. D E类：指带电火灾，如家电、变压器、发电机、电缆等。

49. A 油品密度越大，闪点越高，自燃点越低。油品的密度：渣油＞蜡油＞重柴油＞轻柴油＞煤油＞汽油。

50. A 气相爆炸：可燃气体和助燃气体混合物的爆炸；液相被喷成雾状物在剧烈燃烧时引起的爆炸；飞扬悬浮于空气中的可燃粉尘引起的爆炸。

液相爆炸：硝酸和油脂、液氧和煤粉等混合时引起的爆炸；熔融的矿渣与水接触或钢水包与水接触时，由于过热发生快速蒸发引起的蒸汽爆炸等。

固相爆炸：爆炸性化合物及其他爆炸性物质的爆炸（如乙炔铜的爆炸）；导线因电流过载，由于过热，金属迅速气化而引起的爆炸等。

51. C 液相爆炸包括：硝酸和油脂、液氧和煤粉等混合时引起的爆炸；熔融的矿渣与水接触或钢水包与水接触时，由于过热发生快速蒸发引起的蒸汽爆炸等。

52. D 混合爆炸气体的初始温度越高，爆炸极限范围越宽，则爆炸下限越低，爆炸上限越高，爆炸危险性增加。

53. D 粉尘爆炸的特点有：①粉尘爆炸速度或爆炸压力上升速率比气体爆炸小，但燃烧时间长，产生的能量大，破坏程度大。②爆炸感应期较长。③有产生二次爆炸的可能性。④粉尘有不完全燃烧现象。

54. B 杠杆式安全阀结构简单但笨重，适用于中、低压系统。弹簧式安全阀灵敏度高，不适用于高温系统。弹簧式安全阀对振动敏感性小，适用于移动式压力容器。

55. C 直接接触烟火药的工序应按规定设置防静电装置，并采取增加湿度等措施。手工直接接触烟火药的工序应使用铜、铝、木、竹等材质的工具，不应使用铁器、瓷器和不导静电的塑料、化纤材料等工具。当筒体变形、筒体内壁不洁净或效果件变形时，按废弃物处理，不应将效果件强行装入。含有较大颗粒的铝、钛、铁粉的烟火药，不应筑压。各工序应分别在单独专用工房进行。

56. C 工业炸药包括硝化甘油炸药、铵梯炸药、铵油炸药、乳化炸药、水胶炸药等。

57. D 水不适宜扑救密度小于水和溶于水的易燃液体火灾，如汽油、柴油、醇类等，故不选 B、C。抗溶泡沫用来扑救各种油类和极性溶剂的初起火灾，故不选 A。

58. B　感烟火灾探测器是用于探测火灾初起期的烟雾，并发出火灾报警信号的火灾探测器。它具有能早期发现火灾、灵敏度高、响应速度快、使用面广等特点。感烟火灾探测器有点型和线型，点型火灾探测器分为离子感烟火灾探测器和光电感烟火灾探测器；离子感烟火灾探测器对黑烟的灵敏度高，光电感烟火灾探测器对白烟的灵敏度高。

59. B　烟火药的原材料应符合有关原材料质量标准的要求，原材料称量，每栋工房定员 1 人。烟火药各成分混合宜采用转鼓等机械设备，每栋工房定机 1 台，定员 1 人。烟火药调湿，每栋工房定员 1 人。粉碎氧化剂、还原剂应分别在单独的专用工房内进行，每栋工房定员 2 人。

60. C　根据《化学品分类和危险性公示通则》，危险化学品分为理化危险、健康危险、环境危险三大类。

61. A　危险化学品安全标签上的信号词有"危险""警告"。

62. D　局部排风是把污染源罩起来，抽出污染空气，需风量小，点式扩散源适合局部排风。全面通风是用新鲜空气将作业场所中污染物稀释到安全浓度以下，需风量大。全面通风的目的不是消除污染物，而是将污染物分散稀释，全面通风仅适用于低毒性作业场所，不适合污染物量大的作业场所，面式扩散源适合全面通风。

63. A　根据《常用化学危险品贮存通则》，危险化学品的贮存方式有 3 种：①隔离贮存。②隔开贮存。③分离贮存。

64. A　Ⅰ类包装：适用于内装危险性较大的货物。Ⅱ类包装：适用于内装危险性中等的货物。Ⅲ类包装：适用于内装危险性较小的货物。根据《危险货物运输包装通用技术条件》规定，危险货物包装分为以上 3 类。

65. D　扑救气体类火灾事故时，切忌盲目扑灭火焰，在没有采取堵漏措施的情况下，必须保持稳定燃烧。否则，大量可燃气体泄漏出来与空气混合，遇点火源就会发生爆炸。

66. A　凡确认不能使用的爆炸性物品，必须予以销毁，在销毁以前应报告当地公安部门，选择适当的地点、时间及销毁方法。一般可采用以下 4 种方法：爆炸法、烧毁法、溶解法、化学分解法。

67. B　在 3~6 个月内，有较大剂量毒性危险化学品进入人体内所引起的中毒称为亚急性中毒。毒性危险化学品一次或短时间内大量进入人体内所引起的中毒是急性中毒。

68. D　汞泄漏后可先行收集，然后在污染处用硫黄粉覆盖，汞挥发出的蒸气遇硫黄生成硫化汞而不致逸出，最后冲洗干净。

69. A 当工作环境中毒性气体的体积分数低（一般不高于1%）时，选择过滤式防毒面具为防护用品。

70. B 禁忌物料是指化学性质相抵触或灭火方法不同的化学物料。

二、多项选择题（共15题，每题2分。每题的备选项中，有2个或2个以上符合题意，至少有1个错项。错选，本题不得分；少选，所选的每个选项得0.5分）

71. ABCD 附属于一个转动轴的有辐轮，用手动辐轮来驱动机械部件是危险的，可以利用一个金属盘片填充有辐轮来提供防护，也可以在手轮上安装一个弹簧离合器，使轴能够自由转动。

72. ADE 固定防护装置应采用永久固定或借助紧固件方式固定，不用工具就不可打开。金属骨架和金属网制成的防护网常用于皮带传动装置的防护。栅栏式防护适用于防护范围比较大的场合，或作为移动机械移动范围内临时作业的现场防护。

73. ACD 平面布置：噪声较大及有振动的工部布置在厂房的底层。作业场所地面：地面应平整，深大于0.2 m、宽大于0.1 m的坑、沟、池应设盖板或护栏。

74. BCE 刨刀轴必须是圆柱形结构，严禁使用方形刀轴。刨削操作时仅打开与工件等宽的相应刀轴，其余的刀轴仍被覆盖。

75. ABDE 中国标准规定，工频安全电压的限值为50 V，直流安全电压限值为120 V。有电击危险使用的局部照明灯的安全电压为36 V。金属容器内、隧道内、水井内以及周围有大面积接地导体等工作地点狭窄、行动不便的环境应使用12 V安全电压。特别危险环境使用手持电动工具的安全电压为42 V。当电气设备采用24 V以上安全电压时，必须采取防止直接接触电击的安全措施。

76. ABD 事故火花包括：绝缘损坏、导线断线或连接松动导致短路或接地产生的火花；电路发生故障，熔丝熔断时产生的火花；雷电直接放电及二次放电火花；静电火花；电磁感应火花等。

77. ADE 电气设备漏电电流沿线路均匀分布，发热量分散，一般不会产生危险温度。电动机被卡死后轴承损坏、缺油，造成堵转或负载转矩过大，产生危险温度。

78. BCE 满水事故的后果包括：水位表看不到水位，表内发暗。过热蒸汽温度降低，给水流量不正常，大于蒸汽流量。严重满水时，锅水可进入蒸汽管道和过热器，造成水击及过热器结垢。满水的主要危害是蒸汽品质降低，损害以致破坏过热器。

79. ACD 压力表必须装设在与锅壳蒸汽空间直接相连接的部位上。根据工作压力选用压力表的量程范围，一般应在工作压力的1.5～3倍，常选择2倍。表盘直径不应小于

100 mm，表的刻盘上应划有最高工作压力红线标志。压力表装置齐全（压力表、存水弯管、三通旋塞），每半年对其校验一次，并铅封完好。

80. ACE 锅炉水位应经常保持在正常水位线附近，并允许在正常水位线上下 50 mm 内波动。水位变化与负荷、蒸发量和气压的变化密切相关，低负荷运行时，水位稍高于正常水位；高负荷运行时，水位稍低于正常水位。锅炉气压的变动是由负荷变动引起的，负荷大于蒸发量，气压下降；负荷小于蒸发量，气压上升。

81. AE 起重机司机不得操作的情况包括：吊物超载或有超载可能，吊物质量不清；吊物冻结或埋置于地下、被其他物体挤压；吊物捆绑不牢或吊挂不稳，被吊重物棱角与吊索之间未加衬垫；被吊物上有人或浮置物；作业场地昏暗；不得斜拉歪吊。夜间有充分的照明可吊运；吊载接近额定值可小高度小行程试吊后再吊；重物棱角处加衬垫，不是所有的吊物都需加衬垫。

82. BCE 消防设施是指火灾自动报警系统、自动灭火系统、消火栓系统、防烟排烟系统以及应急广播和应急照明、安全疏散设施等。消防产品是指专门用于火灾预防、灭火救援和火灾防护、避难、逃生的产品。

83. BDE 能发生分解爆炸的气体包括乙炔、乙烷、环氧乙烯、臭氧、联氨、丙二烯、甲基乙炔、乙烯基乙炔、一氧化氮、二氧化氮、氰化氢、四氟乙烯等。

84. ADE 燃烧的三要素包括可燃物、助燃物、点火源。

85. ACD 急性中毒发生后，救护人员应迅速将中毒者移至空气新鲜、通风良好的地方实施抢救。急性中毒发生后，对水溶性毒性危险化学品应先用棉絮、干布擦掉毒性危险化学品，再用清水冲洗。如因腐蚀性毒性危险化学品引起的消化道急性中毒，一般不宜洗胃，可用蛋清、牛奶或氢氧化铝凝胶灌服，以保护胃黏膜。

安全生产技术基础
模考通关试卷三参考答案及解析

一、单项选择题（共70题，每题1分。每题的备选项中，只有1个最符合题意）

1. D 无凸起的转动轴旋转时，无论其多光滑，都可能会将松散的衣物等挂住，并将其缠绕在轴上，应安装与轴具有12 mm净距的护套。有凸起部分的转动轴应安装固定式防护罩全面封闭。对旋式轧辊即使相邻轧辊间距很大，但是操作人员的手、臂以及身体都有可能被卷入，一般采用钳型防护罩进行防护。辊式输送机应该在驱动轴的下游安装防护罩。如果所有的辊轴都要被驱动，将不存在卷入的危险，故无须安装防护装置。

2. C 带传动的危险部位是带接头和带进入带轮的部位。输送链和链轮的危险部位是输送链进入链轮处以及链齿。齿轮传动中，两个齿轮开始啮合的地方最危险，必须加全封闭防护罩。

3. B 直接接触电击是指触及正常状态下带电的带电体时发生电击。间接接触电击是指触及正常状态下不带电，而在故障状态下意外带电的带电体时发生的电击。

4. A 本质安全主要包括合理结构、限制机械应力、本质安全工艺过程和动力源、控制系统安全、材料和物质安全、机械的可靠性设计、遵循安全人机工程学。

5. C 能通过自身的结构功能限制或防止机器的某种危险，消除或减小风险的装置是保护装置，包括联锁装置、双手操作式装置、能动装置、限制装置等。

6. B 危险化学品是指具有爆炸、燃烧、毒害、腐蚀、助燃等性质，对人体、设施、环境具有危害的剧毒化学品和其他化学品。

7. A 红色代表禁止、停止、危险或提示消防设备。红色用于各种禁止标志、交通禁令标志、消防设备标志，机械的停止按钮、刹车及停车装置的操纵手柄，机械设备的裸露部位，仪表刻度盘上的极限位置的刻度、危险信号旗等。

8. C 楼梯第一级台阶和人行道高差300 mm以上的防止踏空线标志。突出于地面或人行横道上，高差300 mm以上的管线或其他障碍物上的防止绊跤线。

安全生产技术基础
模考通关试卷三参考答案及解析

9. D　发生砂轮破坏事故后，必须检查砂轮防护罩是否有损伤，砂轮卡盘有无变形或不平衡，检查砂轮主轴端部螺纹和紧固螺母，合格后方可使用。

10. C　不能只用一只手，同一手臂的手掌和手肘、小臂和手肘、手掌和身体的其他部位来启动输出信号，必须双手同时挥按操纵器，离合器接合滑块下行程。被中断的操作，需先松开全部按钮，然后再次双手同时按压恢复运行。双手操作式安全装置只能保护该作业区的操作者，不能保护其他人的安全。

11. C　绝缘气体击穿后绝缘性能很快恢复。液体绝缘的击穿特性与其纯净程度有关，击穿后能恢复其部分绝缘性能。绝缘击穿是指绝缘材料上的电场强度高于临界值时，绝缘材料发生分解，电流急剧增加，完全失去绝缘性能。

12. D　防止直接接触电击有绝缘、屏护、间距。防止间接接触电击有保护接地、保护接零、安全电压、过流保护等。

13. B　安全阀是锅炉上的重要安全附件之一，它对锅炉内部压力极限的控制及对锅炉的安全保护起着重要作用。每年对其校验一次并加锁或铅封，每月自动排放一次，每周手动排放一次。

14. C　气瓶充装单位严禁充装超期未检气瓶、改装气瓶、翻新气瓶和报废气瓶。

15. B　木材遇到有节疤或残茬应适当减慢进料速度，禁止手按结疤进料。机床工作台和导向板应有光滑的表面，缺陷和凹坑尽可能少。刀具和刀具主轴应能承受最高许用转速的应力。是否设置急停装置，应按照危险分析和风险识别要求，视具体机床而定。

16. D　工人禁止穿钉鞋，不得使用铁器制品。应该有良好的润滑并经常清除附着的可燃物油污。敲打工具应用铍铜合金或包铜的钢制作。地面应铺沥青、菱苦土等软的材料。

17. B　锅炉缺水原因包括：运行人员疏忽大意或操作人员擅离职守，水位表故障造成假水位，给水设备或给水管路故障，操作人员排污后忘记关排污阀，水冷壁、对流管束或省煤器管子爆破漏水。

18. D　圆锯机所使用圆锯片的横向稳定性和锯齿的足够刚度是主要的安全指标。锯轴的额定转速不得超过最大允许转速。圆锯片的锯齿连续断裂2齿应停止使用。圆锯片有裂纹不允许修复使用。

19. B　锻造过程中，机械设备、工具或工件的非正常选择和使用，人的违章操作等，都可导致机械伤害。例如打飞锻件伤人，辅助工具打飞击伤，模具、冲头打崩损坏伤人，原料、锻件等在运输过程中造成的砸伤，操作杆打伤，锤杆断裂击伤等。

20. C　工业生产中毒性危险化学品进入人体的最重要的途径是呼吸道，凡是以气体、蒸气、雾、烟、粉尘形式存在的毒性危险化学品，均可经过呼吸道侵入人体内。

21. D　最大试验安全间隙是衡量爆炸性物质传爆能力的性能参数。最小点燃电流比，是在规定试验条件下，气体、蒸气、薄雾爆炸性混合物的最小点燃电流与甲烷爆炸性混合物的最小点燃电流之比。引燃温度是在规定试验条件下，可燃物质不需外来火源即发生燃烧的最低温度。爆炸性气体、蒸气、薄雾按照引燃温度被分为T1～T6，共6组。

22. A　实现机械安全的优先顺序：本质安全化、安全防护措施、提示性安全补充措施。消除产生危险的原因是本质安全化。

23. A　在机械基础设计阶段，对操作者和机器进行功能分配时，应遵循安全人机工程学原则，考虑预定使用机器"人－机"相互作用的所有因素，以减轻操作者心理、生理压力和紧张程度。

24. D　通过道路运输剧毒化学品的，托运人应当向运输始发地或者目的地县级人民政府公安机关申请剧毒化学品道路运输通行证。

25. D　接触面积增大，接触压力增大，温度升高，电流升高，角质层或表皮破损，金属粉、煤粉等导电性物质污染皮肤，都会导致人体电阻降低。

26. C　小型机床操作面距离墙柱间距至少为1.3 m。中型机床操作面距离墙柱间距至少为1.5 m。大型机床操作面距离墙柱间距为1.8 m。超大型机床操作面距离墙柱间距至少为2 m。

27. C　安全心理学范畴包括能力、性格、需要与动机、情绪与情感、意志。

28. D　O类设备：基本绝缘。Ⅰ类设备：基本绝缘＋附加安全措施。Ⅱ类设备：双重绝缘或加强绝缘，有"回"形标志。Ⅲ类设备：采用安全电压。

29. B　隔爆型：d。增安型：e。本质安全型：i。正压型：p。油浸型：o。充砂型：q。浇封型：m。

30. B　体力劳动强度按大小分为4级。Ⅰ级：I≤15，轻劳动。Ⅱ级：I=15～20，中等强度劳动。Ⅲ级：I=20～25，重强度劳动。Ⅳ级：I＞25，"过重"体力劳动。

31. C　良好的通风标志是混合物中危险物质的浓度被稀释到爆炸下限的1/4以下。

32. C　在首次检验中需要进行的试验包括静载荷试验、动载荷试验和额定载荷试验。

33. C　毗连变、配电室的门、窗应向外开，通向无爆炸或无火灾危险的环境。

34. B　在装有避雷针的构筑物上严禁架设通信线、广播线和低压线。

35. A 灯饰所用材料应为难燃性材料。应急照明线路不能与动力线路、照明线路合用。库房内不应设碘钨灯、卤钨灯、60 W 以上的白炽灯等高温灯具。

36. B 锅炉按载热介质分为蒸汽锅炉、热水锅炉、有机热载体锅炉。锅炉出口介质为高温水（＞120 ℃）或者低温水（120 ℃以下）的锅炉称为热水锅炉。

37. C 过热蒸汽温度升高是缺水事故的后果，满水事故的后果表现是过热蒸汽温度降低。

38. B 人在人工操作系统、半自动化系统中充当操作者和控制者。系统的安全性主要取决于该系统人机功能分配的合理性、机器的本质安全性及人为失误状况。

39. C 物理爆炸是容器内高压气体迅速膨胀并以高速释放内在能量，爆炸前后物质结构不发生改变。化学爆炸是容器内的介质发生化学反应，释放能量生成高压、高温，其爆炸危害程度比物理爆炸严重。

40. B Ⅱ类、Ⅲ类电气设备无保护接地或接零要求。移动式电气设备的保护线不应单独敷设。在潮湿或金属构架等导电性能良好的作业场所，必须使用Ⅱ类或Ⅲ类电气设备。

41. A 安全电压是既能防止间接接触电击也能防止直接接触电击的安全技术措施。安全电压供电的设备属于Ⅲ类设备。中国标准规定工频安全电压的限值为 50 V，直流安全电压的限值为 120 V。当电气设备采用 24 V 以上安全电压时，必须采取直接接触电击的防护措施。

42. B 气瓶水压试验压力为公称工作压力的 1.5 倍。

43. D 压力管道是指利用一定的压力，用于输送气体或者液体的管状设备，其范围规定为最高工作压力大于或者等于 0.1 MPa（表压），介质为气体、液化气体、蒸汽或者可燃、易爆、有毒、有腐蚀性、最高工作温度高于或者等于标准沸点的液体，且公称直径大于或者等于 50 mm 的管道。公称直径小于 150 mm，且其最高工作压力小于 1.6 MPa（表压）的输送无毒、不可燃、无腐蚀性气体的管道和设备本体所属管道除外。

44. A 可拆卸接头和密封填料处泄漏：一般可采取紧固措施消除泄漏，但不得带压紧固连接件。管道异常振动和摩擦：隔断振源、调整支承、使摩擦部位隔离。安全阀失灵：停车或泄压后对安全阀进行检查和调试。工业管道内部堵塞：停车清理，及时排出凝水缸中的冷凝水。仪表失灵：专业人员检查和更换。

45. A 司索工主要从事地面工作，如准备吊具、捆绑挂钩、摘钩卸载等，多数情况司索工也担任指挥任务。作业场地为斜面时，地面人员应站在斜面的上方，防止吊物坠落后沿斜面滚移伤人。有主、副两套起升机构的，不允许同时利用主、副钩工作（设计允许的专用起重机除外）。

46. D　TN系统能将漏电设备的电压限制在某一安全范围内是困难的，需与剩余电流保护装置联用。在TN系统中，对于移动式电气设备的线路，电压220 V的故障持续时间不宜超过0.4 s，380 V的不应超过0.2 s。除非接地的设备装有快速切断故障的自动保护装置，不得在TN系统中混用TT系统。TN-C系统可用于爆炸、火灾危险性不大，用电设备较少，用电线路简单且安全条件较好的场所。

47. D　护顶架要进行静态和动态两种载荷试验检测。

48. D　客运索道在日常检查中发现问题且情况紧急时，安全管理人员可以决定停止使用设备并及时报告本单位负责人。客运索道出现故障时，应对设备进行全面检查，消除事故隐患后，可重新投入使用。客运索道线路润滑巡视工每班至少全线巡视一周。

49. C　在时间和空间上失去控制的燃烧称为火灾。

50. B　闪燃是一定温度下液体表面能产生足够的可燃蒸气，遇火能产生一闪即灭的燃烧现象。着火是指可燃物与火源接触而燃烧，并且移去火源后能继续保持燃烧，着火点越低，危险性越大。阴燃没有火焰也没有可见光，是处于燃烧初期的一种燃烧现象。

51. C　臂架类型起重机的金属结构都有一个悬伸、可旋转的臂架作为主要受力构件，通过起升机构、变幅机构、旋转机构和运行机构四大机构的组合运动，可以实现在圆形或长圆形空间的装卸作业。属于臂架类型起重机的有门座起重机、塔式起重机、汽车起重机等。

52. C　用柔性钢丝绳牵引吊臂进行变幅的起重机，当起升用钢丝绳在起吊过程中出现断裂，重物突然坠落，会使起重机发生吊臂后倾事故。

53. D　根据《火灾分类》规定，按物质的燃烧特性将火灾分为6类：A类—固体物质火灾，B类—液体或可熔化的固体物质火灾，C类—气体火灾，D类—金属火灾，E类—带电火灾，F类—烹饪器具内的烹饪物（如动植物油脂）火灾。

54. D　气相爆炸包括可燃气体和助燃气体混合物的爆炸；气体的分解爆炸；液相被喷成雾状物在剧烈燃烧时引起的爆炸；飞扬悬浮于空气中可燃粉尘引起的爆炸。熔融的矿渣与水接触引起的蒸汽爆炸是液相爆炸。

55. D　禁止用电瓶车、翻斗车、铲车、自行车等运输爆炸物品。禁止用叉车、铲车、翻斗车搬运易燃、易爆液化气体等危险物品。氧气瓶和乙炔气瓶不可同车运输。

56. A　氢气危险度＝（爆炸上限－爆炸下限）/爆炸下限，（76-4）÷4=18。

57. B　化学抑爆技术对设备的强度要求较低。

58. B　爆发点越低，炸药对热感度越高。炸药中加入惰性气体会降低炸药感度，危险度降低，如炸药中加入敏感杂质会提高炸药的感度，危险度增加。一般来说，热点的半径越小，炸药的敏感度越低，临界温度越高。

59. B 容器的维护保养主要包括以下几方面的内容：保持完好的防腐层（涂漆、喷镀或电镀、衬里）；消除产生腐蚀的因素（一氧化碳气体只有在含有水分的情况下才可能对钢质容器产生应力腐蚀，采取干燥和过滤措施；碳钢容器的碱脆要具备温度、拉伸压力和较高碱液浓度等条件，需消除使稀液浓缩的条件；氧气瓶要经干燥或经常排放积水）；消灭容器的"跑、冒、滴、漏"；加强容器在停用期间的维护（停用的容器，必须将内部介质排除干净，腐蚀性介质要经过排放、置换、清洗等技术处理，要经常保持容器的干燥和清洁，防大气腐蚀）；经常保持容器的完好状态。

60. A 能量特征是标志炸药做功能力的参量，一般是指 1 kg 炸药燃烧时气体产物所做的功。

61. D 水能吸收很多热量，使燃烧物的温度迅速下降（冷却作用）。水受热汽化，体积增大 1 700 倍，可以阻止空气进入燃烧区（窒息作用）。加压水能喷射到较远的地方，具有较大的冲击作用，能冲过燃烧表面而进入内部，从而使未着火的部分与燃烧区隔离开来，防止燃烧物继续分解燃烧（隔离作用）。

62. C 爆燃是火炸药或燃爆性气体混合物的一种快速燃烧现象，伴有爆炸的一种以亚音速传播的燃烧波。

63. B 检测密度大于空气的可燃气体，安装在不高于地面 0.5 m 处。检测密度小于空气的可燃气体时，探测器应安装在可能泄漏处的上部。不宜在风速 0.5 m/s 以上气流或环境温度超过 40 ℃的场所安装可燃气体探测器。硫化氢气体存在场所，不能使用可燃气体探测器。有酸、碱等腐蚀性气体存在的场所，不宜使用可燃气体探测器。应每季度检查一次可燃气体检测器是否正常工作。

64. C 危险性建筑物之间、危险性建筑物与其他建筑物之间的距离应符合内部最小允许距离的要求。

65. A Ⅰ类包装适用于内装危险性较大的货物。Ⅱ类包装适用于内装危险性中等的货物。Ⅲ类包装适用于内装危险性较小的货物。

66. D 零售业只许经营除了爆炸品、放射性物品、剧毒物品以外的危险化学品。零售业务的店面经营面积（不含库房）应不小于 60 m²，其店面内不得设有生活设施。零售业务的店面与存放危险化学品的库房应有实墙相隔。

67. D 点式扩散源用局部排风，面式扩散源用全面通风。

68. C 化学品安全技术说明书包括 16 项安全信息内容。

69. D 乳化炸药生产的危险主要是来自物质危险性。这是本质危险，没有物质的易燃易爆性，即使环境有点火源，有氧化剂，也不会有爆炸危险。

70. C 爆破片具有结构简单、泄压反应快、密封性能好、适应性强等特点。

二、多项选择题（共15题，每题2分。每题的备选项中，有2个或2个以上符合题意，至少有1个错项。错选，本题不得分；少选，所选的每个选项得0.5分）

71. BCD 手工清除废屑，应提供适宜的手用工具，严禁手抠嘴吹。不能在地面操作的机床，应配置供站立的平台，当坠落高度超过500 mm时，应装防坠落护栏。为了避免绊倒危险，工作平台相邻地板构件之间的最大高度差应不超过4 mm。

72. ACD 诸多危险有害因素中，刀具切割的发生概率大，危险性大，木材的天然缺陷、刀具高速运动、手工送料的作业方式是直接原因。

73. ABCE 锯轮、主运动的带轮均应做平衡试验。

74. ADE 为了安全，手压平刨刀轴的设计与安装须符合下列要求：①必须使用圆柱形刀轴，绝对禁止使用方刀轴。②压刀片的外缘应与刀轴外缘相合，当手触及刀轴时，只会碰伤手指皮肤，不会被切断。③刨刀刃口伸出量不能超过刀轴外径1.1 mm。④刨口开口量应符合规定。

75. AC 两线电击是不接地状态的人体某两个部位同时触及不同电位的两个导体时由接触电压造成的打击。其危险程度主要取决于接触电压和人体电阻。

76. ABCD 可不安装漏电保护装置的情况有：使用特低电压供电的电气设备、一般环境条件下使用的具有双重绝缘或加强绝缘结构的电气设备、使用隔离变压器且二次侧为不接地系统供电的电气设备，以及其他没有漏电危险和触电危险的电气设备。
消防电梯需安装不切断电源的报警式漏电保护装置。

77. AD 前一位字母若为I表示电力系统所有带电部分与地绝缘或一点经阻抗接地；该位字母若为T，表示电力系统一点（通常是中性点）直接接地。后一位字母若为T，表示电气装置的外露可导电部分直接接地（与电力系统的任何接地点无关）；该位字母若为N，表示电气装置的外露可导电部分通过保护线与电力系统的中性点连接。

78. ACDE 爆管原因包括：①水质不良、管子结垢并超温爆破。②水循环故障。③严重缺水。④制造、运输、安装中管内落入异物，如钢球、木塞等。⑤烟气磨损导致管壁减薄。⑥运行或停炉的管壁因腐蚀而减薄。⑦管子膨胀受阻碍，由于热应力造成裂纹。⑧吹灰不当造成管壁减薄。⑨管路缺陷或焊接缺陷在运行中发展扩大。

79. ABCD 气瓶的附件包括瓶阀、瓶帽、保护罩、安全泄压装置、防震圈、气瓶专用爆破片、安全阀、液位计、紧急切断和充装限位装置等。易熔塞属于安全泄压装置。

80. BCDE 防止炉膛爆炸的措施是：点火前，开动引风机给锅炉通风 5～10 min，没有风机的可自然通风 5～10 min，以清除炉膛及烟道中的可燃物质。点燃气、油、煤粉炉时，应先送风，之后投入点燃火炬，最后送入燃料。一次点火未成功需重新投入点燃火炬时，一定要重新通风。

81. BCDE 根据《火灾统计管理规定》，所有火灾不论损害大小，都列入火灾统计范围。以下情况也列入火灾统计范围：易燃易爆化学物品燃烧爆炸引起的火灾；破坏性试验中引起非实验体的燃烧；机电设备因内部故障导致外部明火燃烧或者由此引起其他物件的燃烧；车辆、船舶、飞机以及其他交通工具的燃烧（飞机因飞行事故而导致本身燃烧的除外），或者由此引起其他物件的燃烧。

82. AC 能发生分解爆炸的气体包括乙炔、乙烯、环氧乙烯、臭氧、联氨、丙二烯、甲基乙炔、乙烯基乙炔、一氧化氮、二氧化氮、氰化氢、四氟乙烯等。

83. BCE 火灾自动报警系统是实现火灾早期探测和报警的一种消防设施，根据工程建设的规模、保护对象性质、火灾报警区域的划分和消防管理机构的组织形式，将其分为区域火灾报警系统、集中报警系统和控制中心报警系统。

84. BCD 爆炸性物品的销毁方法主要有 4 种：爆炸法、烧毁法、溶解法、化学分解法。

85. ABCE 停炉保养主要指锅内保护，即汽水系统内部为避免或减轻腐蚀而进行的防护保养。常用的保养方式有压力保养、湿法保养、干法保养和充气保养。

安全生产技术基础
模考通关试卷四参考答案及解析

一、单项选择题（共70题，每题1分。每题的备选项中，只有1个最符合题意）

1. C 工程机械包括挖掘机、铲运机、工程起重机、压实机、钢筋切割机、混凝土搅拌机、路面机、凿岩机、线路工程机械以及其他专用工程机械等。

2. C 皮带传动机构离地面2 m以下必须设防护。距离2 m以上设防护的条件是：皮带轮中心距在3 m以上，皮带宽度在15 cm以上，皮带回转速度在9 m/min以上。

3. C 爆炸环境中应采用全气动或全液压控制操纵机构，或采用"本质安全"电气装置，避免一般电气装置容易出现火花而导致爆炸的危险。

4. A 保护装置能在危险事件即将发生时，停止危险过程。

5. C TN-S系统是保护零线与中性线完全分开的系统，可用于爆炸、火灾危险性较大或安全要求高的场所，宜用于独立附设变电站的车间，也适用于科研院所、计算机中心、通信局站等。正常工作条件下，外露导电部分和保护导体呈零电位——最"干净"的系统。TN-C-S系统是干线部分的前部保护零线与工作零线共用，设备端N与PE分开，宜用于厂内设有总变电站，厂内低压配电场的场所及民用楼房。TN-C系统是干线部分保护零线与中性线完全共用的系统，可用于爆炸、火灾危险性不大，用电设备较少、用电线路简单且安全条件较好的场所。

6. C 安全电压额定值的选用应根据使用环境、人员和使用方式等因素确定。例如，特别危险环境中使用的手持电动工具应采用42 V特低电压；有电击危险环境中使用的手持照明灯和局部照明灯应采用36 V或24 V特低电压；金属容器内、特别潮湿处等特别危险环境中使用的手持照明灯应采用12 V安全电压；特殊场所应采用6 V特低电压。

7. C 禁止在机械压力机上使用带式制动器来停止滑块。刚性离合器构造简单，不需要额外动力源，只能使滑块停在上死点。摩擦离合器的特点是结合平稳，冲击和噪声小，能停在行程的任意位置。

8. C 汽水共腾的处置措施是减弱燃烧力度，降低负荷，关小主汽阀；加强蒸汽管道和过热器的疏水；全开连续排污阀，并打开定期排污阀，同时上水以改善锅水品质。

9. B 液相爆炸包括硝酸和油脂，液氧和煤粉等混合时引起的爆炸。熔融的矿渣与水接触或钢水包与水接触时，由于过热发生快速蒸发引起的蒸气爆炸等。

10. D 熔化、浇铸和落砂、清理区应设避风天窗。铸造车间应建在高温车间、动力车间的建筑群内，建在厂区中不释放有害物质的生产建筑物的下风侧。厂房宜南北向，铸造车间四周应有一定的绿化带。

11. A 机械产品的安全是通过设计、制造等环节实现的。决定机械产品安全性的关键是设计阶段采用安全措施，还要通过使用阶段采用安全措施来最大限度减小风险。

12. A 明火或加热设备的布置，应远离可能泄漏易燃气体或蒸气的工艺设备和储罐区，并应布置在其上风向或侧风向。

13. C 急停器件为红色掌揿或蘑菇式开关、拉杆操作开关等，附近衬托色为黄色。

14. B 最危险的电伤是电弧烧伤。电弧烧伤是弧光放电造成的，电弧温度高达8 000 ℃，可造成大面积、大深度的烧伤，甚至烧焦、烧毁四肢及其他部位。

15. C 安全电压在24 V以上必须采取防直接接触电击的措施。安全电压设备的插销座不得带有接零或接地的插头或插孔。提供安全电压的电源的安全隔离变压器，应在一次侧和二次侧都设短路保护元件。

16. A 紧急听觉信号是表示险情开始的信号。警告听觉信号表示即将发生或正在发生危险。紧急撤离听觉信号是表示险情开始或正在发生且有可能造成伤害的紧急情况的信号。

17. C 爆炸浓度极限是指可燃气体、蒸气或可燃粉尘与空气（或氧）混合后，遇明火发生爆炸的最高或最低浓度，简称爆炸极限，用气体或蒸气在混合物中的体积分数（百分含量）来表示。爆炸上限指引起爆炸的可燃气体的最高浓度（体积分数）。爆炸下限指引起爆炸的可燃气体的最低浓度（体积分数）。爆炸下限低，少量可燃气体泄漏在空气中就易于达到爆炸极限范围。

18. D 气体灭火剂可用来扑灭精密仪器和一般电气火灾（600 V以下）、可燃液体和固体火灾；不宜扑救钾、镁、钠、铝等及金属过氧化物、有机过氧化物、氯酸盐、硝酸盐、高锰酸盐、亚硝酸盐、重铬酸盐等氧化剂火灾。七氟丙烷灭火剂属于氢氟烃类灭火剂，对大气无污染。

19. B 物料白班存放量为每班加工量的1.5倍，夜班存放量为加工量的2.5倍。堆垛放置的物料，堆垛高度不应超过1.4 m，且高与底边长之比不应大于3。

20．C　连续级释放源：连续释放、长时间释放或短时间频繁释放。一级释放源：正常运行时周期性释放或偶然释放。二级释放源：正常运行时不释放或不经常且只能短时间释放。多级释放源：包含上述两种以上特征。

21．B　常见的产生静电方式是接触—分离，感应起电也比较常见，除此之外还有破断、挤压、吸附。

22．D　禁止用电瓶车、翻斗车、铲车、自行车等运输爆炸物品；禁止用叉车、铲车、翻斗车搬运易燃、易爆液化气体等物品；遇水燃烧物品及有毒物品，禁止用小型机帆船、小木船和水泥船承运。

23．D　为了避免液体油料灌装时在容器内喷射和溅射，应将注油管延伸至容器底部。

24．A　高压断路器有强有力的灭弧装置，既能在正常情况下接通和分断负荷电流，又能借助继电保护装置在故障情况下切断过载电流和短路电流。高压断路器必须与高压隔离开关串联使用，由断路器接通和分断电流，由隔离开关隔断电源。

25．B　能量特征指的是 1 kg 火药燃烧时气体产物所做的功。燃烧特性主要取决于火药的燃烧速率和燃烧表面积。

26．C　工作火花包括：①控制开关、断路器、接触器接通和断开线路时产生的火花；②插销拔出或插入时产生的火花；③直流电动机的电刷与换向器的滑动接触处；④绕线式异步电动机的电刷与滑环的滑动接触处产生的火花。雷电火花、静电火花和电磁感应火花应属于事故火花。

27．C　气瓶充装单位发生暂停充装等特殊情况，应当向所在市级质监部门报告，可委托辖区内有相应资质的单位临时充装，并告知省级质监部门。

28．D　空、实瓶应分开放置。毒性气体气瓶和瓶内气体相互接触能引起燃烧、爆炸，产生毒物的，应分室存放，并设防毒面具。

29．B　静电的特点是静电电压高但电量不一定大、泄漏慢、有多种放电形式。电阻率很高的材料才容易产生和积累静电。静电电压高的原因不在于静电电量大或静电能量大，而在于电容变化。静电电压在很大程度上取决于几何条件。

30．A　根据爆炸性气体、蒸气混合物出现的频繁程度和持续时间将此类危险场所分为 0 区、1 区和 2 区。0 区，指正常运行时连续或长时间出现或短时间频繁出现。1 区，指正常运行时可能出现（预计周期性出现或偶尔出现）。2 区，指正常运行时不出现，即使出现也仅是短时存在。根据爆炸性粉尘、纤维混合物出现的频繁程度和持续时间将此类危险场所分为 20 区、21 区和 22 区。20 区，指正常运行时连续或长时间或短时间频繁出现。21 区，指在正常运行中，可能出现粉尘数量足以形成可燃性粉尘与空气混合物但未划入 20 区的场所。22 区，指正常运行时不出现爆炸性粉尘，纤维仅在不正常运行时短时间偶然出现。

31. D 绝缘检测包括绝缘试验和外观检查。

32. C 锅炉缺水的表现为水位表看不到水位，表内发白发亮；过热蒸汽温度升高；给水流量不正常地小于蒸汽流量；低水位警报器发出警报。

33. C 在线路电压为 10 kV 以上的架空线路附近进行起重工作，起重机具与线路导线之间的最小距离为 2 m，1 kV 以下为 1.5 m，35 kV 以上为 4 m。

34. B 直接接触电击是指触及正常状态下带电的带电体时发生电击。间接接触电击是指触及正常状态下不带电，而在故障状态下意外带电的带电体时发生的电击。

35. C 预防水击事故的措施包括：给水管道和省煤器管道的阀门启闭不应过于频繁，开闭速度要缓慢；使可分式省煤器的出口水温低于同压力下饱和温度 40 ℃；暖管前彻底疏水；上锅筒缓慢进水，下锅筒也要缓慢进汽。

36. D 防止炉膛爆炸的措施包括：点火前应开动引风机给锅炉通风 5～10 min。没有引风机可自然通风 5～10 min，以清除炉膛及烟道中的可燃物。

37. B 按压力等级可把压力容器分为以下 4 个压力等级：低压容器为 $0.1\ \text{MPa} \leqslant P < 1.6\ \text{MPa}$，中压容器为 $1.6\ \text{MPa} \leqslant P < 10\ \text{MPa}$，高压容器为 $10\ \text{MPa} \leqslant P < 100\ \text{MPa}$，超高压容器为 $P \geqslant 100\ \text{MPa}$。

38. B 安全阀的整定压力一般不大于该压力容器的设计压力。安全阀开启压力略低于爆破片装置的标定爆破压力。

39. B 容器盛装物质具有易燃易爆性，禁止就地放空。

40. C 防爆标志是 Ex，其依次是类别符号、温度组别、设备的保护级别。d 是隔爆型防爆电气设备，Ⅱ类是气体环境，Ⅲ类是粉尘环境。

41. A 接闪器的保护范围现有两种计算方法。对于建筑物，接闪器的保护范围按滚球法计算；对于电力装置，接闪器的保护范围可按折线法计算。

42. B 爆炸下限大于 4% 的可燃气体，浓度应小于 0.5%；爆炸下限小于 4% 的可燃气体，浓度应小于 0.2%。

43. B 采用较大弯曲半径的弯头，减小弯头两端的流体质量差值，可减弱管道的振动破坏。

44. C 防风夹轨器或锚定装置的安全功能是防止起重机在大风作用下沿轨道滑行。

45. D　不论任何人发出的紧急停车信号，起重司机都应立即执行。

46. C　单线循环固定抱索器客运架空索道在夜间运行时应有针对性照明。

47. D　燃烧的三要素包括可燃物、氧化剂、点火源，这三要素是必要条件。

48. A　奥运火炬的燃料是气态丙烷，其所形成的燃烧是扩散燃烧。扩散燃烧是指可燃气体边扩散边燃烧，形成稳定火焰的燃烧。

49. D　从防止触电的角度来说，绝缘、屏护和间距是防止直接接触电击的安全措施。

50. B　B类火灾指液体火灾和可熔化的固体物质火灾，如汽油、乙醇、沥青、石蜡火灾等。

51. D　乙醚与空气混合发生爆炸是化学爆炸。因乙醚易燃易爆，和空气混合达到爆炸极限，在点火源的作用下即可发生爆炸。

52. A　剪板机工作需从多个侧面接触危险区域，则每一个侧面都应设置防护，不出现漏保护区。

53. C　禁止刀轴使用方形刀轴。刨刀片径向伸出量不得大于1.1 mm。组装后的刀轴需进行强度试验和离心试验。刨削时仅打开与工件等宽的相应刀轴部分。

54. D　能引起尘肺病的物质是石英晶体、石棉、煤粉、滑石粉、铍等。

55. B　急性中毒发生后，救护人员应迅速将中毒者移至空气新鲜、通风良好的地方实施抢救。在抢救过程中应松开患者衣服、腰带并使其仰卧，以保持呼吸道通畅。同时要注意保暖。

56. C　正常停炉的过程为：先停燃料，停送风，减引风；逐渐降低锅炉负荷，相应地减少锅炉上水，但应维持锅炉水位稍高于正常水位。对燃油、燃气锅炉，炉膛停火后引风机至少要继续引风5 min以上。停汽后，应隔断与蒸汽母管的连接，排气降压，待锅炉内无气压，开启空气阀，以免锅炉内因降温形成真空。停炉时应打开省煤器旁通烟道，关闭省煤器烟道挡板，但锅炉进水仍需经省煤器。对无旁通烟道的可分式省煤器，应密切监视其出口水温，并连续经省煤器上水、放水至水箱中，使省煤器出口水温低于锅筒压力下饱和温度20 ℃。在正常停炉的4~6 h内，应紧闭炉门和烟道挡板。停炉18~24 h，锅水温度降至70 ℃以下，方可全部放水。

57. B　混合气的爆炸下限 =1÷（60%÷4%+20%÷5%+20%÷3%）≈ 3.9%。

58. D　从事剧毒化学品、易制爆危险化学品经营的企业，应向所在地市级人民政府安全生产监督管理部门提出申请。从事除剧毒化学品、易制爆危险化学品外其他危险化学品经营，应当向所在地县级人民政府安全生产监督管理部门提出申请（有储存设施的应向所在地设区的市级提出申请）。

59. A 爆炸极限的影响因素有初始温度、初始压力、惰性气体的含量、容器尺寸、点火源的影响。

60. C 单调作业的特点包括：作业简单、变化少、刺激少、受制约多、缺乏自主性、容易丧失工作热情；对作业者技能、学识要求不高；只完成工作的一部分，自我价值实现程度低；周期短、频率高，易引起身体局部出现疲劳乃至心理厌烦。消除疲劳的途径有：改善工作环境，如科学的安全环境色彩，合理的温度、湿度，充足的光照，改变操作内容，避免超负荷的体力或脑力劳动，显示器和控制器的设计要符合人的生理、心理特点。

61. B 1.1 级、1.3 级厂房每一危险性工作间的建筑面积小于 18 m² 时，且同一时间内的作业人员不超过 3 人时，可设 1 个安全出口，但必须设置安全窗。

62. B 危险品生产区、总仓库区、销毁场所等区域内建筑物应留有足够的安全距离，称为内部安全距离。

63. B 最大幅度速度超过 40 m/min 的起重机，在小车向外运行且当起重力矩达到额定值的 80% 时，应自动转换为低于 40 m/min 的低速运行。

64. B 货叉：又称取物装置，需通过重复加载的载荷试验检测。链条：板式链和套筒滚子链，需进行极限拉伸载荷和检验载荷试验。制动器：行车制动器和停车制动器。护顶架：起升高度超过 1.8 m，必须设置护顶架，由型钢焊接而成，必须能够遮掩司机的上方，还应保证司机有良好的视野。载荷试验检测有静态和动态两种。

65. D 爆破片一般 6～12 个月更换一次。防爆门（窗）设置在人不常到的地方，高度最好高于 2 m。安全阀安装在压力容器的本体上，液化气体容器上的安全阀应装设在气相部分。

66. C 分解爆炸的敏感性与压力有关。分解爆炸所需能量，随压力升高而降低。在高压下较小的点火能量就能引起分解爆炸，而压力较低时需要较高的点火能量才能引起分解爆炸，当压力低于某值时，就不再产生分解爆炸，此压力成为分解爆炸的极限压力。

67. B 对引起眼睛疲劳而言，蓝色、紫色最甚，红色、橙色次之。

68. A 危险品的厂内运输不宜采用三轮车运输，禁止用畜力车、翻斗车和各种挂车运输。

69. B 通过变更工艺消除或降低化学品危害，如以往用乙炔制乙醛，采用汞作催化剂，现在发展为用乙烯为原料，通过氧化或氧氯化法制乙醛，不需要用汞作催化剂。通过变更工艺，彻底消除了汞危害。

70. B 毒性气体的体积浓度低，浓度不高于1%，适用过滤式防毒面具。毒性气体浓度高，适用隔离式防毒面具。

二、多项选择题（共15题，每题2分。每题的备选项中，有2个或2个以上符合题意，至少有1个错项。错选，本题不得分；少选，所选的每个选项得0.5分）

71. CD 保护范围：保护高度不低于滑块最大行程与装模高度调节量之和，保护长度应能覆盖操作危险区。自保功能：保护幕被遮挡，滑块停止运动，人体撤出恢复通光，滑块不能恢复运行。抗干扰性：光线式安全装置的白炽灯、高频电子电源荧光灯干扰下应能正常工作；受到频闪灯光干扰不应失灵。

72. BD 圆锯机所使用圆锯片的横向稳定性和锯齿的足够刚度是主要的安全指标。

73. ABD 冲压作业的安全技术措施包括改选冲压作业方式、改革冲模结构、实现机械自动化、设置模具和设备的防护装置等。其具体有：①使用安全工具。按其不同特点，大致归纳为5类，即弹性夹钳、专用夹钳（卡钳）、磁性吸盘、真空吸盘、气动夹盘。②模具作业区防护措施。在模具周围设置防护板（罩）；通过改进模具减少危险面积。③冲压设备的安全装置。冲压设备的安全装置形式较多，按结构分为机械式、按钮式、光电式、感应式等。其中机械式防护装置又分为3种类型：推手式保护装置是一种与滑块联动的，通过挡板的摆动将手推离开模口的机械式保护装置；摆杆护手装置又称拨手保护装置，是运用杠杆原理将手拨开的装置；拉手式安全装置是一种用滑轮、杠杆、绳索将操作者的手动与滑块运动联动的装置。

74. BCD 介电常数是表明绝缘极化特征的性能参数，介电常数越大，极化程度越慢。氧指数在27%以上的材料是阻燃性材料。

75. BCE 直接接触电击是接触正常状态带电的带电体。选项A中的金属外壳和选项D中的金属防护网都是在正常情况下不带电，都属于间接接触电击。

76. AC 测量新的和大修后的线路或设备应采用较高电压的兆欧表。测量运行中的线路或设备应采用较低电压的兆欧表。测量应尽可能在设备刚停止运转时进行，以使测量结果符合运转时的实际温度。

77. ABC 第二类防雷建筑物包括：国家级重点文物保护的建筑物；国家级的会堂、办公建筑物，大型展览和博览建筑物，大型火车站和飞机场、国宾馆、国家级档案馆，大型城市的重要给水水泵房等特别重要的场所；国家级计算中心、国际通信枢纽等对国民经济有重要意义的建筑物；国际特级和甲级大型体育馆；制造、使用或储存火炸药及其制品的危险建筑物，且电火花不易引起爆炸或造成巨大破坏和人身伤亡；具有1区或

21 区爆炸危险场所的建筑物，且电火花不易引起爆炸或造成巨大破坏和人身伤亡；具有 2 区或 22 区爆炸危险场所的建筑物；有爆炸危险的露天气罐和油罐；预计雷击次数大于 0.05 次 /a 的省、部级办公建筑物和其他重要或人员集中的公共建筑物以及火灾危险场所；预计雷击次数大于 0.25 次 /a 的住宅、办公楼等一般忙民用建筑物或一般工业建筑物。

78. ABD　上水操作：上水温度最高不超过 90 ℃，水温与筒壁温差应不超过 50 ℃。全部上水时间在夏季应不小于 1 h，在冬季应不小于 2 h。冷炉上水至最低安全水位时应停止上水，以防受热膨胀后水位过高。暖炉并汽操作：并汽前应减弱燃烧，打开蒸汽管上的所有疏水阀，充分疏水以防水击；并汽应冲洗水位表，并使水位维持在正常水位线以下；使锅炉的蒸汽压力稍低于蒸汽母管内气压，缓慢打开主汽阀及隔绝阀，使新启动锅炉与蒸汽母管连通。

79. BCD　用两台或多台起重机吊运同一重物时，每台起重机都不得超载。露天作业的轨道起重机，风力大于 6 级时应停止作业。有主、副两套起升机构的，不允许同时利用主、副钩工作（设计允许的除外）。

80. ACD　闪燃是一定温度下液体表面能产生足够的可燃蒸气，遇火能产生一闪即灭的燃烧现象。着火是指可燃物与火源接触而燃烧，并且移去火源后能继续保持燃烧，着火点越低，危险性越大。阴燃没有火焰，也没有可见光，是处于燃烧初期的一种燃烧现象。

81. ABCD　具有粉尘爆炸危险性的物质较多，大体可分为七类：金属类（铝粉、镁粉、其他金属等）；煤炭类（活性炭、煤等）；粮食类（面粉、淀粉、玉米粉、啤酒麦芽粉、麦糠、大麦粉等）；合成材料类（塑料、染料、合成洗剂、合成黏结剂等）；饲料类（血粉、鱼粉、饲料粉等）；农副产品类（棉花、烟草、砂糖等）；林产品类（纸粉、木粉等）。

82. AD　大多数的燃烧是物质受热分解出的气体或液体蒸气在气相中燃烧。焦炭不能分解为气态物质，在燃烧时呈炽热状态，没有火焰产生。除了结构简单的可燃气体（氢气）外，大多数物质的燃烧并非物质本身在燃烧。固体燃烧中，简单固体物质如硫、磷无分解阶段。

83. AE　工业阻火器对流体的介质的阻力大，而主动式、被动式隔爆装置只在爆炸发生时起作用，对流体介质的阻力小，适用于气体中含有杂质（如粉尘、易凝物等）的输送管道。单向阀安装在高压与低压系统上的低压系统。阻火闸门在正常情况下处于开启状态。安全阀除了有泄压作用还有警报作用，因泄压时有动力声响。爆破片爆破压力为设备、容器及系统最高工作压力的 1.1 ~ 1.3 倍，且小于设计压力。

84. ACE　在工业生产中，毒性危险化学品主要经呼吸道和皮肤进入人体，有时也可经消化道进入。

85. DE 扑救气体类火灾事故时,切忌盲目扑灭火焰,在没有采取堵漏措施的情况下,必须保持稳定燃烧。否则,大量可燃气体泄漏出来与空气混合,遇点火源就会发生爆炸。扑救遇湿易燃物品火灾事故时,绝对禁止用水、泡沫或酸碱等湿性灭火剂扑救。当铝、镁发生火灾事故时,选择用二氧化碳灭火剂扑救往往是无效的。

安全生产技术基础
模考通关试卷五参考答案及解析

一、单项选择题（共70题，每题1分。每题的备选项中，只有1个最符合题意）

1. B　本质安全设计主要包含：合理结构（避免可能造成伤害的锐边、尖角、粗糙面、凸出部位；对可能造成"陷入"的孔械开口或管口端进行折边倒角或覆盖）、限制机械应力、本质安全工艺过程和动力源（爆炸环境用全气动或全液压控制操纵机构或采用"本质安全"电气装置；改革工艺如用焊接代替铆接、用液压成形代替锤击成形工艺；控制有害物质排放，如用颗粒代替粉末、铣代替磨工艺，以降低粉尘）、控制系统安全、材料和物质安全（用不燃的、难燃的、无毒的、低毒的代替可燃、易燃、有毒的物质）、机械的可靠性设计（关键件冗余、维修可达、标准件等）、遵循安全人机工程学。

2. B　隔离作用是防止人体任何部位进入机械的危险区。阻挡作用是防止飞出物打击，高压液体意外喷射或防止人体灼烫、腐蚀伤害等。容纳作用是接受可能有机械抛出、掉落、射出的零件及其破坏后的碎片等。

3. B　黄色表示注意、警告的信息。皮带轮及其防护罩的内壁、砂轮机罩的内壁、防护栏杆等应使用黄色。

4. C　较大火灾事故是指死亡3人以上10人以下，或重伤10人以上50人以下，或直接经济损失1 000万元以上5 000万元以下的火灾事故。

5. D　30 mA及30 mA以下的属高灵敏度，主要用于防止触电事故。30 mA以上、1 000 mA及1 000 mA以下的属中灵敏度，用于防止触电事故和漏电火灾。1 000 mA以上的属于低灵敏度，用于防止漏电火灾和监视一相接地故障。

6. B　凡有电击危险环境使用的手持照明灯和局部照明灯应采用36 V或24 V安全电压。

7. C　省煤器损坏时如能经直接上水管给锅炉上水，并使烟气经旁通烟道流出，则可不停炉进行省煤器修理。

8. B　锅炉上的压力表表盘直径不应小于100 mm，表的刻盘上应划有最高工作压力红线标志。

9. C　D类火灾指轻金属火灾，如钾、钠、铝、镁、铝镁合金火灾等。

10. C　一般情况下，闪点越低，火灾危险性越大。着火点越低，危险性越大。密度越大，闪点越高，自燃点越低。

11. A　用低毒或无毒的代替有毒的，是防毒害品采取的原料替代。变更工艺是工艺路线或工艺条件变化。毒物隔离是物质没有变而通过减少接触来达到防毒的目的。保持卫生是加强个人防护减少毒物通过皮肤带来的危害。

12. B　我国对危险化学品的运输实行资质认定制度，未经资质认定，不得运输危险化学品。

13. C　产生噪声的设备应集中布置，并应布置在厂房的端头。集中布置方便采取措施减弱或消除噪声危害。

14. D　限位装置是机床的安全保护装置，限位装置失灵引起的故障属于第二类危险。

15. B　电流分直流电和交流电。交流电分工频电流和高频电流。人体忍受直流电、高频电流的能力比忍受工频电流能力强，工频电流的危害最大。

16. A　冲模闭合时，从下模座上平面至上模座下平面的最小间距应大于60 mm。手用操作工具不具备安全装置的基本功能，只能代替人手伸进危险区，不能取代安全装置。有多个操作点，应在每个操作点设紧急停止按钮。

17. B　机器对处理液体、气体和粉状体等比人优越，但处理柔软物不如人。

18. A　发光强度也称光强，是光源在给定方向上单位立体角内的光通量。光通量的单位是流明。亮度是人对光的强度的感受，是表示发光体表面发光强弱的物理量。照度即光照强度，是单位面积上接受可见光的能力。

19. D　砂带机的砂带应该向操作者远离的方向运动，并且具有止逆装置，靠近操作人员的端部应进行防护。机械工作台和滑枕的端面距离应与固定结构的间距不小于500 mm。当使用配重块时，应对其全部行程加以封闭，直到地面或者机械的固定配件处，避免形成挤压陷阱。

20. D　急停装置应容易识别、清晰可见，急停器件应为红色掌揿或蘑菇式开关、拉杆操作等，附近衬托色为黄色。急停装置可设置在操作者无危险时随手可及处，或可设置在可碎玻璃壳内。急停装置被启动后应保持接合状态，在手动重调前应不可能恢复电路。急停装置应能迅速停止危险运动或危险过程而不产生附加危险。

21. D　人在人机系统中主要有三种功能：传感功能、信息处理功能、操纵功能。

22．D　当电流持续时间超过心脏搏动周期时，室颤电流约为 50 mA。当电流持续时间短于心脏跳动周期时，室颤电流约为 500 mA。

23．A　介电常数是表明绝缘极化特征的性能参数，介电常数越大，极化程度越慢。玻璃表面能凝结水膜，是亲水性材料。

24．A　遮栏既能防无意识也能防有意识接近带电体。遮栏的高度应不小于 1.7 m，下部边缘距离地面高度不应大于 0.1 m。对于低压系统，遮栏与裸导体的距离不应小于 0.8 m，遮栏栏条间距离不应大于 0.2 m。网眼遮栏与裸导体之间的距离不宜小于 0.15 m。

25．A　Ⅰ类设备适用于煤矿有甲烷爆炸性环境；Ⅱ类设备适用于除煤矿甲烷外的爆炸性气体环境；Ⅲ类设备适用于爆炸性粉尘环境。Ma、Ga、Da 级的设备具有很高的保护级别，具有足够的安全程度，使设备在正常运行过程中，在预期的故障条件下或者在罕见的故障条件下不会成为点燃源；Mb、Gb、Db 级的设备具有高的保护级别，在正常运行过程中、在预期的故障条件下不会成为点燃源；Gc、Dc 级的设备是爆炸性气体环境用设备，具有加强的保护级别，在正常运行过程中不会成为点燃源，也可采取附加保护，保证在点燃源有规律预期出现的情况下，不会点燃。

26．C　窒息症状分为单纯窒息、血液窒息、细胞内窒息。单纯窒息是指在空间有限的工作场所，空气中氧含量低于 17% 时，会引起头晕、恶心等症状。血液窒息是指毒性化学物质影响机体传送氧的能力，如一氧化碳。空气中一氧化碳含量达到 0.05% 时，就会导致血液携氧能力严重下降。细胞内窒息是指毒性化学物质影响机体和氧结合的能力，如氰化氢、硫化物等。

27．B　轰燃是发生在火灾发展期阶段，火灾热释放速率与时间的平方成正比。

28．B　可燃物质在空气中没有外来火源的作用，靠热量的积聚达到一定的温度时发生的自发燃烧现象称为化学自燃。

29．C　电弧温度最高可达 8 000 ℃ 以上，可造成大面积、大深度的烧伤，甚至烧焦、烧毁四肢及其他部位。

30．A　烟火药还原剂的粉碎应在单独专用工房内进行，每栋工房定员 2 人。

31．B　绝缘材料易造成静电的积聚。预防静电危险的措施有：降低易燃液体的流速，减少摩擦，降低静电荷危险；工作环境增湿，增加静电荷的释放，环境湿度增加既可以减少静电的产生，又可以降低电阻，加速泄放；易燃液体在搅拌过程不能取样。

32．D　高度超过 20 m 的游乐设施在风速大于 15 m/s 时，必须停止运行。

33．D　安全电压回路的带电部分必须与较高电压的回路保持电气隔离，并不得与大地、保护接零（地）线或其他电气回路连接。安全电压设备的插销座不得带有接零或接地插头或插孔。安全隔离变压器的一次边和二次边均应装设短路保护元件。

34. B 建筑物按其火灾和爆炸的危险性、人身伤亡的危险性、政治经济价值分为三类。此三类分别为第一类防雷建筑物、第二类防雷建筑物、第三类防雷建筑物。

35. B 发现锅炉缺水应先判断缺水情况。通过"叫水"操作，水位表无水位则判定严重缺水，严禁给锅炉上水。"叫水"操作适合相对容水量较大的小型锅炉。

36. A 防止炉膛爆炸的措施为：点火前，开动引风机给锅炉通风 5～10 min，没有风机的可自然通风 5～10 min，以清除炉膛及烟道中的可燃物质。点燃燃气、燃油、煤粉锅炉时应先送风，之后投入点燃火炬，最后送入燃料。一次点火未成功需重新点火时，一定要重新通风。

37. B 按《固定式压力容器安全技术监察规程》将压力容器分为三类（Ⅰ、Ⅱ、Ⅲ）。划分办法：①首先将压力容器的介质分为两组。第一组介质：毒性程度为极度危害、高度危害的化学介质、易爆介质、液化气体。第二组介质：除第一组以外的介质（包括水蒸气、氮气等）。②按照介质特性分组后选择分类图，再根据设计压力 p（MPa）和容积 V（L），标出坐标点，确定容器类别。此介质是液化气体，所以选择第一组介质图。

38. C 安全泄放装置应铅直安装在压力容器液面以上的气相空间部分，或与压力容器气相空间相连的管道上。压力容器与安全泄放装置之间的连接管和管件的通孔，其截面面积不得小于安全阀的进口截面面积，其接管应当尽量短而直。压力容器一个连接口上装设两个或两个以上安全泄放装置，连接口的入口截面面积，应当至少等于这些安全泄放装置的进口截面面积之和。安全泄放装置与压力容器之间一般不宜装设截止阀门。对于盛装毒性程度为极度、高度、中度危害介质，易爆介质，腐蚀、黏性介质或者贵重介质的压力容器，为便于安全阀的清洗与更换，经使用单位主管压力容器安全技术负责人批准，并且制定可靠的防范措施，方可在安全泄放装置与压力容器之间装设截止阀门，压力容器正常运行期间截止阀门必须保证全开（加铅封或者锁定）。对于易爆介质或者毒性程度为极度、高度或中度危害介质的压力容器，应在安全阀或爆破片的排出口装设导管，将排放介质引至安全地点，毒性介质不得直接排入大气。

39. C 圆锯机的安全防护罩应采用部分封闭式结构，要便于锯片的更换和锯机的调整维修。分料刀的圆弧半径不应小于圆锯片半径。分料刀与锯片最靠近点与锯片距离不超过 3 mm。

40. B 所有与铁水接触的工具使用前应预热，不是烘干，烘干后工具的温度低，碰到高温物体会发生高温物体喷溅事故。

41. B 防腐层局部损坏应先经修补等妥善处理以后再继续使用。对于长期或临时停用的压力容器，应加强维护，停用容器，必须将内部的存储介质排除干净。压力容器上的安全装置和计量仪表，应定期进行调整校正。连接管断裂，紧固件损坏等应立即停止运行。

42. B 在瓶帽上应开对称的泄气孔，防泄气时瓶体不稳。公称容积大于5 L的钢质无缝气瓶应当配有螺纹连接的快装式瓶帽；公称容积大于10 L的焊接气瓶应当配有不可拆卸的保护罩。保护罩是为保护瓶帽、瓶阀或易熔塞而设置的敞口罩式零件，也可兼做提升零件。瓶帽要具有良好的抗撞击性，不得采用灰口铸铁铸造瓶帽。

43. A 采用电解法制取氢气、氧气的充装单位，当氢气中含氧或者氧气中含氢超过0.5%时，严禁充装。

44. C 压力表低压管道精度不低于2.5级，中、高压不低于1.5级。阻火器不得靠近炉子和加热设备。放散管一般设在闸井中，单向供气的管道应安装在阀门之前。

45. A 准备吊具时对吊物的质量和重心估计要准确，如果是目测估算，应增大20%来选择吊具。形状或尺寸不同的物品不经特殊捆绑不得混吊。尖棱利角和易滑工件无衬垫物不挂。不允许抖绳摘索，更不允许利用起重机抽索。

46. B 叉车叉装物件时，当物件重量不明时，应将该物件叉起离地100 mm后检查机械的稳定性，确认无超载现象后，方可运送。

47. D 隔离开关无专门灭弧装置，能分断不大的空载电流，不具备操作负荷电流的能力，不能分断短路电流。

48. A 相邻客运索道运营单位可共同组建救援队伍。应急救援预案必须定期或不定期进行演练，至少每年进行一次营救演练。救护设备平时不用时应分类保存，营救物品只可营救时使用。客运索道运营单位自身的应急救援体系要与整个社会应急救援体系融为一体，成为整个社会应急救援大系统中的子系统。

49. A 瓶阀出气口的连接型式和尺寸，设计成能够防止气体错装、错用的结构，盛装助燃和不可燃气体瓶阀的出气口为右旋，可燃气体为左旋。工业用非重复充装焊接气瓶瓶阀与瓶体采用焊接为连接方式。与乙炔接触的瓶阀材料选用含铜量小于70%的铜合金。盛装易燃气体的气瓶瓶阀的手轮，选用阻燃材料制造。

50. D 大多数的燃烧是物质受热分解出的气体或液体蒸气在气相中燃烧。焦炭不能分解为气态物质，在燃烧时呈炽热状态，没有火焰产生。除了结构简单的可燃气体（氢气）外，大多数物质的燃烧并非物质本身在燃烧。

51. C 通风分为局部排风和全面通风两种。局部排风是把污染源罩起来，抽出污染空气，需风量小；全面通风是用新鲜空气将作业场所中污染物稀释到安全浓度以下，需风量大。

52. B 使废弃物无害化采用的方法是使它们变成高度不溶性物质，也就是固化/稳定化方法。一般工业废弃物可以直接填埋，颗粒很小的，为防止填埋过程引起粉尘污染，可装入编织袋后填埋。

53. A 这种火焰燃烧速度低，由于可燃气体与空气是逐渐燃烧消耗掉，因而形成稳定燃烧，只要控制得好就不会发生火灾。已形成混合物但未燃的，一旦碰到点火源会发生瞬间的燃烧，即爆炸现象。

54. A 气相爆炸包括：可燃气体和助燃气体混合物的爆炸，液相被喷成雾状物在剧烈燃烧时引起的爆炸，飞扬悬浮于空气中的可燃粉尘引起的爆炸。液氧和煤粉等混合引起的爆炸、熔融的矿渣与水接触引起的蒸汽爆炸是液相爆炸。导线因电流过载而过热，金属迅速气化引起的爆炸是固相爆炸。

55. D Ⅰ级≥18 ℃，Ⅱ级≥16 ℃，Ⅲ级≥14 ℃，Ⅳ级≥12 ℃。

56. B 工作条件因素包括作业时间过久、作业强度过大、速度过快、体位欠佳等；作业者本身原因包括操作技巧、熟练程度、身体素质、生活条件等。

57. C 当安全阀的进口和容器之间串联安装爆破片时：安全阀和爆破片装置组合的泄放能力应满足要求；爆破片破裂后的泄放面积应不小于安全阀进口面积，同时应保证爆破片破裂的碎片不影响安全阀的正常动作；爆破片装置与安全阀之间应装设压力表、旋塞、排气孔或报警指示器，以检查爆破片是否破裂或渗漏。

58. B 原始温度越高，爆炸下限降低，上限增高，爆炸极限范围扩大，火灾爆炸危险性增大。惰性气体含量增加，对爆炸上限有较大影响，爆炸极限范围缩小。管径越细，容器材料的传热性越好，爆炸极限范围缩小，当容器直径小到某一数值时，火焰就不能传播下去了。

59. A 物理爆炸是容器内高压气体迅速膨胀并高速释放内在能量。

60. C 力矩限制器和极限力矩限制器都是用于臂架类型起重机的安全装置，虽然都与力矩有关，但保护的目标和起重机的作业工况不同。力矩限制器限制的是起重力矩，是在吊运工况下，为防止起重机的臂架在某一幅度下，起吊的载荷超过额定值，导致臂架损坏或起重机倾覆而设置的安全装置。极限力矩限制器限制的是臂架的回转力矩，是为防止在臂架旋转作业时，臂架触碰到障碍物造成臂架损坏的安全装置。

61. B IT系统是保护接地，TT系统是工作接地，TN系统是保护接零。

62. C 根据爆炸性粉尘、纤维混合物出现的频繁程度和持续时间将此类危险场所分为20区、21区和22区。20区：空气中的可燃性粉尘云持续或长期或频繁出现于爆炸性环境中的区域。

63. D 1.1级厂房可设更衣室。1.3级厂房除可设更衣室外，还可设其他生活辅助用室和车间办公用室。生活辅助用室应为单层建筑，其门、窗不宜面向相邻厂房危险工作间的泄爆面。

64. D 发泡倍数低于 20 倍的灭火泡沫为低倍数泡沫，发泡倍数介于 21～200 倍的灭火泡沫为中倍数泡沫，发泡倍数高于 200 倍的灭火泡沫为高倍数泡沫。

65. C 炸药爆炸三大特征为：反应过程的放热性，反应过程的高速性，反应生成物含有气态物质。

66. D 专用民用爆破器材包括油气井用起爆器、射孔弹、复合射孔器、修井爆破器材、点火药盒、地震勘探用震源药柱、震源弹、特种爆破用矿岩破碎器材、中继起爆具、平炉出钢口穿孔弹、果林增效爆破具等。

67. C 爆炸危险性大的可燃气体以及危险设备和系统，在连接处应尽量采用焊接接头，减少法兰连接。

68. C 国外进口化学品安全标签上应至少有一家中国境内的 24 h 事故应急咨询电话。

69. C 泡沫灭火剂是湿性灭火剂，不适合。二氧化碳会跟钠、镁产生化学反应，不适合。卤代烷灭火剂扑救钠、镁等金属火灾一般无效。

70. B 呼吸道防毒面具分为过滤式和隔离式。

二、多项选择题（共 15 题，每题 2 分。每题的备选项中，有 2 个或 2 个以上符合题意，至少有 1 个错项。错选，本题不得分；少选，所选的每个选项得 0.5 分）

71. CD 安全防护装置应不易于拆卸（非专业工具不能拆除）。安全防护装置不应增加操作难度或强度。

72. ABCE 能引起尘肺病的物质是石英晶体、石棉、煤粉、滑石粉、铍等。

73. AD 砂轮卡盘外侧与砂轮防护罩开口边缘之间的距离不大于 15 mm。台式、落地砂轮机在空运转条件下，噪声声压级不得超过 80 dB。砂轮机的砂轮单向旋转。

74. ABDE 用臂和躯干的工作如锻造、风动工具操作、粉刷、间断搬运中等重物、除草、锄田、摘水果和蔬菜等是中等劳动。

75. DE 高压断路器能切断过载电流和短路电流。

76. CD 释放源分为：连续级释放源，指连续释放、长时间释放或短时间频繁释放；一级释放源，指正常运行时周期性释放或偶然释放；二级释放源，指正常运行时不释放或不经常且只能短时间释放；多级释放源，指包含上述两种以上特征。

危险区域范围的大小受很多因素的影响，危险物质释放量越大、浓度越高、爆炸下限越低、闪点越低、温度越高、通风越差时，爆炸危险区域越大。利用墙限制比空气重的爆炸性气体混合物的扩散，可缩小爆炸危险区域范围。

77. ABDE 电伤是电流的热效应、化学效应、机械效应等对人体所造成的伤害。电伤包括电烧伤、电烙印、皮肤金属化、机械损伤、电光性眼炎等多种伤害。短路时开启式熔断器熔断，炽热的金属微粒飞溅出来会造成灼伤。

78. BE 汽水共腾产生的原因包括：①锅水品质太差如含盐量高、碱度高或锅水中有悬浮物；②负荷增加和压力降低过快如水位高、负荷增加过快、压力降低过速。

79. AC 正常停炉的操作为：先停燃料，停送风，减引风；逐渐降低锅炉负荷，相应地减少锅炉上水，但应维持锅炉水位稍高于正常水位。对燃气、燃油锅炉，炉膛停火后引风机至少要继续引风 5 min 以上。停汽后，应隔断与蒸汽母管的连接，排气降压。为保护过热器，防止其金属超温，可打开过热器出口集箱疏水阀适当放气。待锅炉内无气压，开启空气阀，以免锅内因降温形成真空。停炉时应打开省煤器旁通烟道，关闭省煤器烟道挡板，但锅炉进水仍需经省煤器。对无旁通烟道的可分式省煤器，应密切监视其出口水温，并连续经省煤器上水、放水至水箱中，使省煤器出口水温低于锅筒压力下饱和温度20 ℃。正常停炉的 4~6 h 内，应紧闭炉门和烟道挡板。停炉 18~24 h，锅水温度降至 70 ℃以下，方可全部放水。

80. ABCE 气瓶吊运的要求有：将散装瓶装入集装箱内，固定好气瓶，用机械起重设备吊运；不得使用电磁起重机吊运气瓶；不得用金属链绳捆绑后吊运气瓶；不得吊气瓶瓶帽。气瓶运输的要求有：氧气瓶不可与可燃气体气瓶同车；运输车辆应具有固定气瓶的相应装置，散装直立气瓶高出栏杆部分不应大于气瓶高度的1/4；运输气瓶的车上严禁烟火；夏季时气瓶要防晒。化学相抵触的气体不得同车运输；氧化或强氧化气体气瓶不准和易燃品、油脂及沾有油脂的物品同车运输。严禁用自卸汽车、挂车或长途客运汽车运输气瓶，同时也不准装运气瓶的货车载客。

81. BDE 锅炉按照载热介质分为蒸汽锅炉、热水锅炉、有机热载体锅炉。锅炉按照燃料种类分为燃煤锅炉、燃油锅炉、燃气锅炉、电热锅炉、预热锅炉、废料锅炉等。

82. AB 扩散燃烧是指可燃气体（氢、甲烷、乙炔以及苯、酒精、汽油蒸气等）从管道、容器的裂缝流向空气时，可燃气体分子与空气分子互相扩散、混合，混合浓度达到爆炸极限范围内的可燃气体遇到火源即着火并形成稳定火焰的燃烧。选项 C、E 都是混合燃烧，选项 D 是蒸发燃烧。

83. ABD 直接接触烟火药的工序应按规定设置防静电装置，并采取增加湿度等措施。手工直接接触烟火药的工序应使用铜、铝、木、竹等材质的工具，不应使用铁器、瓷器和不导静电的塑料、化纤材料等工具。当筒体变形、筒体内壁不洁净或效果件变形时，按废弃物处理，不应将效果件强行装入。含有较大颗粒的铝、钛、铁粉的烟火药，不应筑压。

84. BDE 不能用水扑救的火灾有：密度小于水和不溶于水的易燃液体火灾；遇水产生燃烧产物的火灾，如钾、钠、碳化钙等；硫酸、盐酸和硝酸引发的火灾。电气火灾未切断电源前不能用水扑救；高温状态下化工设备的火灾不能用水扑救。

85. AC 能发生分解爆炸的气体包括乙炔、乙烷、环氧乙烯、臭氧、联氨、丙二烯、甲基乙炔、乙烯基乙炔、一氧化氮、二氧化氮、氰化氢、四氟乙烯等。

安全生产技术基础
模考通关试卷六参考答案及解析

一、单项选择题（共 70 题，每题 1 分。每题的备选项中，只有 1 个最符合题意）

1. C 检修人员接近故障部位进行检查、修理、更换零件等维修作业的可达性，即安装场所可达，设备外部的可达，设备内部的可达。

2. B 安全防护装置的功能有隔离作用、阻挡作用、容纳作用、其他作用。

3. D 触电影响因素有电流大小、作用的时间、电流种类、电流的作用途径、个体的差异等。人体在电流的作用下，没有绝对安全的途径。心脏是最薄弱的环节，流过心脏的电流越多，且电流路线越短的途径是电击危险越大的途径。左手到前胸是离心脏最短的途径。

4. C 工作火花和电弧：电气设备正常工作或正常操作过程中所产生的电火花。例如，控制开关、断路器、接触器、控制器接通和断开线路；插销拔出或插入时的火花；直流电动机的电刷与换向器的滑动接触处、绕线式异步电动机的电刷与滑环的滑动接触处等。切断感性电路时，断口处火花能量较大，危险性也较大。

5. C IP 是防护标志，第一个字母是电动机产品，W 是气候防护式电动机，R 是管道通风式电动机。第一个数字是防护对固体异物进入内部以及对人体触及内部带电部分或运动部分的防护。第二个数字是对水进入内部的防护，如仅考虑一种防护时，另一位数字用"X"代替。最后一个字母是电动机产品的附加字母，M 代表在运转状态下进行第二种防护型式试验的电动机。

6. C 熄灭或清除炉膛内的燃料，不能用向炉膛浇水的方法灭火，可用黄沙或湿煤灰将红火压灭。

7. C 对相对容水量小的电站锅炉或其他锅炉，以及最高火界在水连管以上的锅壳锅炉，不适宜采取"叫水"操作判定缺水状况，一旦发现缺水，应立即停炉。

8. C 根据《火灾分类》的规定，按物质的燃烧特性将火灾分为 6 类。A 类为固体物质火灾，B 类为液体或可熔化的固体物质火灾，C 类为气体火灾，D 类为金属火灾，

E类为带电火灾，F类为烹饪器具内的烹饪物（如动植物油脂）火灾。

9. B 能发生分解爆炸的气体有乙炔、乙烷、环氧乙烷、臭氧、联氨、丙二烯、甲基乙炔、乙烯基乙炔、一氧化氮、二氧化氮、氰化氢、四氟乙烯等。

10. C 标志牌应设置在醒目地方和明亮环境中，不宜设在门、窗等活动物体上。多个标志一起设置时，应按照警告、禁止、指令、提示类型的顺序先左后右、先上后下排列。标志在整个机械寿命内应保持连接牢固，字迹清楚，至少每半年检查一次。

11. A 多层厂房应将噪声较大及有振动工部布置在厂房的底层。

12. B 接地体离建筑物墙基之间的地下水平距离不得小于 1.5 m，接地体离独立避雷针接地体之间的地下水平距离不得小于 3 m。

13. A 通风是控制作业场所中有害气体或可燃物、蒸气或粉尘最有效的措施之一。

14. C 设区的市级人民政府或县级人民政府安全生产监督管理部门依法对申请人进行审查，并对申请人的经营场所、储存设施进行现场核查，自收到证明材料之日起 30 日内做出批准或者不予批准的决定。

15. D 优先利用自然光，避免工作区域的直射光引起过度的照度对比和热的不舒适感。机床朝向应考虑采光的方向性，不宜把窗口作为视觉背景。同一场所内不同区域有不同照度要求时，应分区设置一般照明或局部照明。

16. A 砂轮防护罩的总开度应不大于 90°，如使用砂轮安装轴水平面以下砂轮部分加工时，防护罩开口角度可以增大到 125°，而在砂轮安装轴水平面的上方，在任何情况下防护罩开口角度都应不大于 65°。

17. D 安全功能部件包括离合器、制动器、紧急制动装置、安全防护装置和安全辅助装置等。

18. D 机械式安全装置包括拉（推或拨）手式安全装置。

19. D 机械伤害包括刀具的切割伤害、木料的反弹冲击伤害、锯条断裂或刨刀片飞出以及木屑碎片飞出伤人。

20. C 木工机械加工过程危险有害因素包括机械伤害，火灾和爆炸，木材的生物、化学危害（木材的储存防腐），木粉尘危害，噪声和振动危害。

21. A 必须设置紧急停止按钮，须设置在前端和后端。剪板机完成工作需从多个侧面接触危险区域，应在每个侧面都设防护装置。采用光电保护装置时，每个检测区应严禁安装多个复位装置。

22. D 在工作台或工作台唇板上开槽或开孔是降噪减振措施。

23. C 冲天炉（化铁）宜用干式高效除尘器除尘。电弧炉宜用高效旋风除尘器除尘。球磨机的旋转滚筒应设在密闭罩内。

24. C 冲天炉熔炼不应加萤石。混砂作业不宜采用爬式翻斗加料机。造型、落砂、清砂、打磨、切割、焊补等工序宜固定作业工位。

25. C 强酸、强碱等物质能对人体组织、金属等物品造成损坏，接触人的皮肤、眼睛或肺部、食道等时，会引起表皮组织坏死而造成灼伤。

26. B 人能长期大量储存信息并能综合利用记忆的信息进行分析和判断。

27. C 实现机械设备安全是通过本质安全设计措施、安全防护或补充保护装置以及适用信息来达到的。

28. B 半自动化系统的安全性取决于人机功能分配的合理性。而自动化系统的安全性取决于机器本质安全性，冗余系统是否失灵，人处于低负荷时的应急反应变差。

29. C 摆脱概率为50%的摆脱电流，成年男子约为16 mA，成年女子约为10.5 mA。摆脱概率为99.5%的摆脱电流，则分别约为9 mA和6 mA。

30. B 通过人身的电流值为 $2\times 8/1\,000=16$ mA。超过摆脱电流但未达到室颤电流。

31. B 锅炉压力容器的制造单位，必须具备保证产品质量所必需的加工设备、技术力量、检验手段和管理水平，生产相应种类的锅炉或者压力容器必须取得特种设备制造许可证。

32. D 水位计应安装合理，便于观察，且灵敏可靠。每台锅炉至少应装两支独立的水位计，锅炉额定蒸发量为 0.2 t/h 的可装1支水位计。玻璃管式水位计应有防护装置。水位计应设置放水管并接至安全地点。

33. A 架空线路不应跨越可燃材料屋顶的建筑物。

34. D 在380 V不接地低压配电网中，为限制设备漏电时外壳对地电压不超过安全范围，一般要求保护接地电阻 $R_s \leqslant 4\ \Omega$。配电变压器或发电机的容量不超过 100 kV·A 时，可以放宽到 $R_s \leqslant 10\ \Omega$。

35. D 一般情况下，密度越大、闪点越高而自燃点越低。例如，油品密度：汽油<煤油<轻柴油<重柴油<蜡油<渣油，而其闪点依次升高，自燃点则依次降低。

36. A 燃点是物质开始起火持续燃烧的最低温度点。燃点越低，物质越容易燃烧。

37. D 爆燃是火炸药或燃爆性气体混合物的一种快速燃烧现象，伴有爆炸的一种以亚音速传播的燃烧波。爆炸指物质爆炸时的燃烧速度为每秒十几米至数百米，爆炸时能在爆炸点引起压力激增，有较大破坏力，有震耳的声响。爆轰指物质爆炸时的燃烧速度为 1 000 ~ 7 000 m/s。

38. B　双重绝缘的基本条件是：双重绝缘是强化的绝缘结构，包括双重绝缘和加强绝缘。具有双重绝缘的电气设备属于Ⅱ类设备。Ⅱ类设备的外壳应有足够的绝缘水平和力学强度，外壳上的盖、窗必须使用工具才能打开。Ⅱ类设备在其明显部位应有"回"形标志。Ⅱ类设备不得再行接地或接零。

39. B　可不安装漏电保护装置的有：使用特低电压供电的电气设备、一般环境条件下使用的具有双重绝缘或加强绝缘结构的电气设备、使用隔离变压器且二次侧为不接地系统供电的电气设备，以及其他没有漏电危险和触电危险的电气设备。消防通道照明电源、火警报警装置电源需装设不切断电源的报警式漏电保护装置。游泳池的电气设备需装设漏电保护装置。

40. A　防治静电的措施包括以下内容。（1）环境危险程度控制。取代易燃介质，降低爆炸性气体、蒸气混合物的浓度和减少氧化剂含量等措施。（2）工艺控制。①材料的选用：采用导电性工具使静电容易泄漏。②限制物料的运动速度：烃类燃油在管道内流动时，限制其流速。③加大静电消散过程：在液体灌装过程中不得进行取样、检测或测温操作；将注油管延伸至容器底部，避免液体在容器内喷射和溅射；装油前清除罐底积水和污物，以减少附加静电。（3）静电接地。将可能发生火花放电的金属导体间隙跨接连通起来，并予以接地。对于产生和积累静电的高绝缘材料，宜通过 10^6 Ω 或稍大一些的电阻接地。不超过 1 MΩ。（4）增湿。为防止大量带电，相对湿度应在 50% 以上；为了提高降低静电的效果，相对湿度应提高到 65% ~ 70%。不宜用于消除高温绝缘体上的静电。（5）抗静电添加剂。（6）静电中和器。静电中和器主要用来消除非导体上的静电。（7）加强静电安全管理。静电安全管理包括制定关联静电安全操作规程、静电安全指标、静电安全教育、静电检测管理等内容。

41. C　独立避雷针的冲击接地电阻不应大于 10 Ω，阀型避雷器的接地电阻一般不应大于 5 Ω。

42. A　安全泄放装置应铅直安装在压力容器的液面以上的气相空间部分，或者装设在与压力容器气相空间相连的管道上。压力容器一个连接口上装设两个或者两个以上的安全泄放装置时，则该连接口入口的截面面积应至少等于这些安全泄放装置的进口截面面积之和。

43. D　爆破片装置的标定爆破压力略高于安全阀开启压力。爆破片的设计爆破力低于容器的设计压力。

44. D　充装压缩气体：气瓶充装后的气瓶充装量在 20 ℃时的压力不得超过气瓶的公称工作压力。采用电解法制取氢气、氧气的充装单位，应当制定严格的定时测定氢、氧纯度的制度，设置自动测定氢、氧浓度和超标报警装置，并且定期进行手动检测。氢气中含氧或者氧气中含氢超过 0.5% 时，严禁充装。

充装高（低）压液化气体：采用逐瓶称重方式进行充装，禁止无称重直接充装（车用气瓶除外）。应当配备与其充装接头数量相适应的计量衡器（必须设超装警报或自动切断起源装置）。应当对充装量逐瓶复检，严禁超量充装。

充装溶解乙炔：充装过程中，瓶壁温度不得超过 40 ℃，充装容积流速小于 $0.015 \text{ m}^3/(\text{h} \cdot \text{L})$。一般分两次充装，中间间隔时间不少于 8 h；静置 8 h 后的瓶内压力应符合标准。

45. D 跨度超过 40 m 的门式起重机应装设偏斜显示装置。长期在高温环境下工作的司机室内应设降温装置，地板下方应设隔热板。臂架起重机应设回转锁定装置，回转锁定装置有机械和液压两种。

46. C 隔爆型防爆型式是把设备可能点燃爆炸性气体混合物的部件全部封闭在一个外壳内，其外壳能够承受通过外壳任何接合面或结构间隙，渗透到外壳内部的可燃性混合物在内部爆炸而不损坏，并且不会引起外部由一种、多种气体或蒸气形成的爆炸性环境的点燃。

47. B 在 1 区和 21 区的电力及照明线路应采用截面面积不小于 2.5 mm^2 的铜芯导线。2 区和 22 区电力线路应采用截面面积不小于 1.5 mm^2 的铜芯导线或截面面积不小于 16 mm^2 的铝芯导线。

48. B 扩散燃烧是指可燃气体（氢、甲烷、乙炔以及苯、酒精、汽油蒸气等）从管道、容器的裂缝流向空气时，可燃气体分子与空气分子互相扩散、混合，混合浓度达到爆炸极限范围的可燃气体遇到火源即着火并形成稳定火焰的燃烧。氧气进入氢气管道后扩散混合，混合气体浓度在爆炸范围内，遇到火源后发生的快速燃烧是混合燃烧。酒精在火源的作用下，蒸发成蒸气发生氧化分解而进行的燃烧是蒸气燃烧。

49. B 粉尘爆炸过程与可燃气爆炸相似，但有两点区别：①粉尘爆炸所需的发火能要大得多。②在可燃气爆炸中，促使温度上升的传热方式主要是热传导；而在粉尘爆炸中，热辐射的作用大。

50. A 防护屏障内的危险品药量，应计入该屏障内的危险性建筑物的计算药量。

51. B 火灾报警控制器（简称控制器）是火灾自动报警系统中的主要设备，它除了具有控制、记忆、识别和报警功能外，还具有自动检测、联动控制、打印输出、图形显示、通信广播等功能。

52. A 高压断路器有强力的灭弧装置，既能在正常情况下接通和分断负荷电流，又能借助继电保护装置在故障情况下切断短路电流。

53. B 配电箱柜的安全要求包括：触电危险性小的生产场所和办公室，可安装开启式的配电板；触电危险性大或作业环境较差的加工车间、铸造车间、锻造车间、热处理车间、锅炉房、木工房等场所，应安装封闭式柜（箱）；有导电性粉尘或产生易燃易爆气体的危险作业场所，必须安装密闭式或防爆型的电气设施；落地安装的柜（箱）底面应高出地面 50～100 mm，操作手柄中心高度一般为 1.2～1.5 m，柜（箱）前方 0.8～1.2 m 的范围内无障碍物。

54．C　阻火器按功能分为爆燃型（阻止火焰以亚音速通过）和轰爆型（阻止火焰以音速或超音速通过）。阻火器最大间隙不大于介质的操作工况下的最大试验安全间隙。阻火器的安全阻火速度应大于安装位置上能达到的火焰传播速度。阻火器不得靠近炉子和加热设备。单向阻火器安装时，应将阻火侧朝向潜在点火源。

55．B　属于安全监督管理范围规定的升降机为额定起重量大于或者等于 0.5 t 的升降机。

56．A　感光火灾探测器适用于没有阴燃阶段的燃料火灾（如醇类、汽油、煤气等易燃液体、气体）。

57．B　单线循环脱挂抱索器客运架空索道在吊具距地高度大于 15 m 时，应配备缓降器救护工具。

58．D　装卸质量不明物件时，可先叉起离地 100 mm 后检查机械的稳定性，确认无超载，方可运送。不得单叉作业和使用货叉顶货或拉货。物件提升后，起落架要后仰，方可行驶。

59．B　容器材料的传热性越好、管径越细、火焰在其中越难传播，爆炸极限范围越小。传热性好时热损失大，火焰不易传播。

60．B　爆炸的主要特征包括：爆炸过程进行得很快，爆炸点附近压力急剧升高，发出或大或小的响声，周围介质发生震动或邻近物质遭到破坏。爆炸的主要特征是压力急剧升高。

61．D　当燃烧爆炸物质不可避免地出现时，尽可能消除或隔离各类点火源，控制点火源、装设防爆电气、装设避雷针都是消除点火源。火灾报警系统能及时发现火情危险，发出警示，及时采取措施控制危险，阻止和限制火灾爆炸蔓延扩展，并尽量降低火灾爆炸事故造成的损失。

62．A　火星由细管进入粗管，流速降低，火星不会飞出。

63．C　蜡烛受热后先液化，然后蒸发为可燃蒸气，再与氧化剂发生燃烧。不管易燃液体还是易燃固定燃烧基本上都是气相燃烧。

64．C　危险度是易燃易爆物品危险性大小的表征参数。危险度 =（爆炸上限－爆炸下限）/爆炸下限。甲和乙的危险度都是 3，所以两种物品的危险性一样大。

65. D　凡确认不能使用的爆炸性物品，必须予以销毁，在销毁之前报当地公安部门，选择合适的地点、时间及销毁方法。

66. B　化学品安全技术说明书的作用体现在：①化学品安全技术说明书是化学品安全生产、安全流通、安全使用的指导性文件；②化学品安全技术说明书是应急作业人员进行应急作业时的技术指南；③化学品安全技术说明书为危险化学品生产、处置、储存和使用各环节制定安全操作规程提供技术信息；④化学品安全技术说明书为危害控制和预防措施的设计提供技术依据；⑤化学品安全技术说明书是企业安全教育的主要内容。

67. A　复杂分解爆炸物的危险性比简单分解爆炸物的危险性要低。简单分解爆炸物如乙炔银、叠氮铅等，受到轻微震动即可能引起爆炸，十分危险。

68. D　蓝色表示必须遵守，如指令标志。

69. C　气瓶水压试验压力为公称工作压力的1.5倍。

70. B　阴燃没有火焰和可见光，通常产生烟和温度升高的迹象，是处于燃烧初期的一种燃烧现象。

二、多项选择题（共15题，每题2分。每题的备选项中，有2个或2个以上符合题意，至少有1个错项。错选，本题不得分；少选，所选的每个选项得0.5分）

71. ADE　皮带传动装置防护罩采用金属骨架防护网，与皮带的距离不应小于50 mm。传动机构离地面2 m以下，要设防护罩。皮带传动机构离地面2 m以上，皮带回转的速度在9 m/min以上，需设防护罩。皮带传动机构离地面2 m以上，皮带轮之间的距离在3 m以上，需设防护罩。皮带传动机构离地面2 m以上，皮带宽度在15 cm以上，需设防护罩。

72. ACE　刨刀片径向伸出量不得大于1.1 mm。组装后的刀轴需进行强度试验和离心试验。

73. ABCD　锻锤端部一旦卷曲，应停止使用或修复后使用。

74. AC　机器能连续进行超精密的重复操作，可靠性较高。机器能在恶劣的环境条件下工作。

75. ACD　电伤一般不会导致人的死亡，而只会在身体表面留下创痕。电弧烧伤既可发生在高压系统，也可发生在低压系统。数百毫安就可以形成灼伤。电流灼伤一般发生在低压系统。

76. AB　按照发生电击时电气设备的状态，电击分直接接触电击和间接接触电击。按照人体触及带电体的方式和电流流过人体的途径，电击可分为单线电击、两线电击和跨步电压电击。

77. ACD　良好通风标志是混合物中危险物质的浓度为稀释到爆炸下限的 1/4。存在连续释放源的区域为 0 区。不是爆炸性气体危险区域可划分为 0 区。

78. ADE　炉膛爆炸要同时具备 3 个条件：燃料必须以游离状态存在于炉膛中，燃料和空气的混合物达到爆燃浓度，有足够的点火能源。

79. ACDE　常见的管道蠕变断裂包括：管道焊缝熔合线处蠕变开裂；运行中管道沿轴向开裂；三通焊缝处蠕变失效。蠕变失效的特征有：蠕变断口可能因长期在高温下被氧化或腐蚀，表面被氧化层或腐蚀层覆盖。宏观上的特征是长期蠕变致使管道在直径方向有明显的变形。

80. CDE　氮气等惰性气体在使用前应经过气体分析，其中含氧量不得超过 2%，低于或等于 2% 的含氧量的氮气瓶都可以选择。

81. CDE　液相爆炸：如硝酸和油脂，液氧和煤粉等混合时引起的爆炸；熔融的矿渣与水接触或钢水包与水接触时，由于远热发生快速蒸发引起的蒸汽爆炸等。

82. ACE　按照爆炸能量来源分类，爆炸分为物理爆炸、化学爆炸和核爆炸。按爆炸速度分类，爆炸分为轻爆、爆炸、爆轰。

83. AE　爆炸极限不是一个物理常数，它随条件的变化而变化。混合爆炸气体的爆炸极限范围越宽，其爆炸危险性越大；混合爆炸气体的爆炸下限越低，其爆炸危险性越大。

84. BCD　扑救气体类火灾时，切忌盲目扑灭火焰，在没有采取堵漏措施的情况下，必须保持稳定燃烧。扑救爆炸物品火灾时，切忌用沙土覆盖，以免增强爆炸物品的爆炸威力。扑救爆炸品堆垛火灾时，水流应采用吊射。当铝、镁发生火灾事故时，选择用二氧化碳灭火剂扑救往往是无效的。扑救易燃液体火灾时，选择用直流水、雾状水扑救比水轻又不溶于水的液体火灾往往是无效的，可用普通蛋白泡沫灭火剂。扑救毒害和腐蚀品火灾时，应尽量使用低压水流或雾状水扑救，避免腐蚀品、毒害品溅出。

85. BCE　一般来说，粉尘粒度越小、分散度越高，可燃气体和氧的含量越大、火源强度、初始温度越高、湿度越小、惰性粉尘及灰分越少，爆炸极限范围越大，粉尘爆炸危险性也就越大。